에너지의 과학

한림SA 12

SCIENTIFIC AMERICAN™

지금이 마지막 기회다

에너지의 과학

사이언티픽 아메리칸 편집부 엮음
김일선 옮김

Earth, Wind and Fire

The Future of Energy

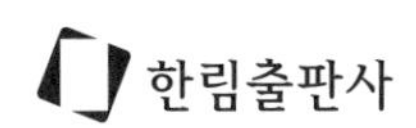

한림출판사

들어가며

지금이 마지막 기회

산업혁명 이후 인류 문명은 땅속에 묻혀 있는 화석 연료에 의존해서 에너지를 확보했다. 처음엔 석탄이었고 다음엔 석유가 그 뒤를 이었다. 하지만 여기엔 두 가지 문제가 있다. 첫째, 석유는 무한하지 않다. 석유는 편리한 자원이지만 이젠 손쉽게 뽑아내기가 어려워져서 석유 회사들은 새로운 유전을 찾아 점점 오지나 위험한 지역으로 들어가고 있다. 두 번째 문제는 석탄이나 석유를 태우면 엄청난 양의 이산화탄소가 대기 중으로 방출된다는 사실이다.

이산화탄소는 열을 가두는 데 아주 효과적이다. 지난 세기 동안 인류는 대기의 온도를 섭씨 약 0.6도 올려놓았다. 별것 아닌 것처럼 들리겠지만, 이 정도의 기온 상승만으로도 극지방의 얼음이 녹는 양이 과거 기록을 갱신하는 수준의 엄청난 영향이 있다. 이런 추세가 계속된다면 해수면은 해안에 위치한 도시들을 삼킬 정도로 높아지고, 극단적인 날씨도 일상적으로 보게 될 것이다. 무언가 하루빨리 대책을 세워야 한다.

이 책에서는 에너지 문제를 살펴보고 아주 쉬운 것부터 아주 복잡한 방법에 이르기까지 어떤 대책들이 있는지 알아보려 한다. 책 앞부분의 두 꼭지 '지속 가능한 에너지를 찾아서-2030년'과 '일곱 가지 혁신적 에너지 기술'에서 다루겠지만, 한마디로 인류가 현재 갖고 있는 기술적 능력을 지금의 난관을 극복하기 위해서 어떻게 사용할 것인지에 대한 논의다. 인류는 분명히 대기 중에 탄소를 뿜어내지 않으면서 유한한 자원을 소모하지도 않는 에너지원을 찾아낼 수 있다.

물론 쉽지는 않을 것이다. 현재의 모든 기간시설은 지속적으로 공급되는 기반 에너지의 존재를 전제로 만들어져 있다. 지금까지 석유 탐사, 정제, 수송에 투자된 금액만 해도 수조 달러에 이른다.

에너지원이 없다는 이야기가 아니다. 태양, 지구, 해양은 인류 문명을 끝없이 유지시켜 줄 정도의 에너지를 갖고 있다. 3장에서 살펴보겠지만, 태양열 전지나 풍력 발전기만이 재생 가능 에너지를 만들어내는 방법도 아니다. 4장에 나타나듯 원자력이 다시금 새롭게 각광받을 가능성도 있고, 태양이 에너지를 만드는 방식과 동일한 원리인 핵융합이 실현될 가능성도 있다. 5장에서는 해안 도시에 전력을 공급하는 조력 발전을 포함해서 수력 에너지를 전반적으로 살펴볼 것이다. 6장에서는 지열을 활용하는 방법에 대해서 알아본다. 미국 서부 대부분의 지역은 잠재적으로 지열 발전소 건설 가능성이 있다.

어떤 기술이건 단점은 있게 마련이다. 핵 발전소는 건설비가 많이 들고, 안전에 대한 우려도 있다. 태양열은 여전히 비용이 많이 들고 풍력 발전은 바람이 불어줘야만 한다. 핵융합은 아직 미완성의 기술이고, 성공한다는 보장도 없다.

이동 수단을 위한 에너지, 그러니까 자동차용 에너지원도 생각해봐야 한다. 바이오연료가 대안이 될 수도 있다. 식량 생산에 큰 영향을 주지 않는 방법을 찾아낸다면 새로운 자동차 연료 도입에 따라 환경과 경제 모두에 엄청난 변화가 일어날 것이다.

통념과는 달리, 재생 가능 에너지를 사용한다고 해서 경제적으로 지금보다 힘들어지는 것은 아니다. 3장의 '어느 작은 섬' 꼭지를 읽어 보면 덴마크의 어느 시골에서 탄소 발생량을 줄이면서도 어떻게 부유한 경제를 유지할 수 있는지 알 수 있을 것이다.

물론 인류의 삶은 어떻게든 바뀔 수밖에 없다. 하지만 이 말은 미래의 삶이 지금보다 더 나빠진다는 의미는 아니다. 과거 영국에서는 인건비가 상승하자, 영주들이 거느리던 하인의 수가 급격히 감소하고 대신 진공청소기와 식기세척기 같은 기술이 그 자리를 대신했다. 결국 그들의 삶이 결과적으로 이전보다 힘들어졌다고 단정적으로 말하기는 어렵다.

당연히 모든 아이디어가 다 실현되지는 못한다. 요점은 그게 아니다. 인류의 삶을 지탱하는 에너지원을 바꾸는 것 말고 다른 선택은 불가능하다. 단지 언제 어떻게 하는가가 문제일 뿐이다. 이 변화를 뒤로 미룰수록 고통은 커질 뿐이다.

– 제시 엠스팍(Jesse Emspak), 편집자

CONTENTS

1

지구와 인류를 지속시키는 방법

1-1 지속 가능한 에너지를 찾아서 - 2030년

마크 제이콥슨 · 마크 델루치

2008년 12월, 세계 각국의 정상들이 향후 수십 년간 온실효과를 유발하는 가스의 발생을 줄이는 방안에 대한 합의를 도출하려 덴마크 코펜하겐에 모였다. 이 목표를 달성하는 가장 확실한 방법은 에너지원을 화석 연료에서 청정·재생 가능 에너지원으로 대대적으로 바꾸는 것이다. 만약 각국 정상들이 이런 변경이 현실적으로 가능하다고 확신할 수 있었다면 역사적 합의에 도달했을 수도 있었다. 우리가 보기엔 그럴 수 있었다.

불을 당긴 사람은 전직 미국 부통령이던 앨 고어였다. 그는 2008년, 미국 발전량의 100%를 10년 이내에 탄소를 발생시키지 않는 기술로 만들어내자고 제안했다. 이 글의 필자 중 두 명은 이 제안의 타당성을 검토하는 과정에서 빠르면 2030년까지 전 세계의 모든 에너지를 어떻게 하면 풍력, 수력, 태양열로 공급할 수 있을까라는 더 큰 문제에 맞닥뜨렸다. 그에 대한 계획을 소개한다.

과학자들이 이 문제를 다양한 관점에서 다루기 시작한 지는 적어도 10년이 넘었다. 2009년 스탠퍼드대학교는 다양한 에너지 시스템을 지구 온난화, 오염, 수자원 공급, 토지 이용, 야생 생태계 보존 등에 미치는 영향의 측면에서 순위를 매겼다. 최선의 방법은 풍력, 태양열, 지열, 조력, 수력 발전으로 드러났으며 이 방법들은 모두 바람, 물, 태양(Wind, Water, Sun : WWS)을 이용한다.

핵발전, 탄소를 발생시키는 석탄, 에탄올은 바람직한 선택이 아니었고 석유와 천연가스도 별다르지 않았다. 이 연구에 따르면 WWS를 이용해 전기를 생산하고, 배터리와 수소 연료 전지를 이용하는 전기자동차가 보급되면 자동차에 의한 오염 문제는 거의 사라질 것으로 보인다.

우리가 세운 계획을 실현하려면 수백만 대의 풍력 발전기, 수력 발전기, 태양열 발전판을 설치해야 한다. 물론 엄청난 숫자지만 불가능한 목표라고 보기는 어렵다. 역사적으로 인류 문명은 이미 대대적인 변화를 겪은 바 있다. 2차 대전 중 미국은 자동차 공장을 개조해서 항공기 30만 대를 생산했고, 다른 나라들도 48만 6,000대 이상을 생산했다. 1956년, 미국은 고속도로를 건설하기 시작했는데, 이후 35년간 7만 5,000킬로미터가 넘는 고속도로가 건설되며 미국 사회의 모습을 완전히 바꾸어 놓았다.

전 세계의 에너지 시스템을 바꾸는 일이 과연 가능할까? 그것도 20년 안에? 이에 대한 대답은 어떤 기술을 이용하는가와, 이 과정에 필요한 자원의 조달, 경제적·정치적 요인들에 따라 달라질 것이다.

청정 기술만으로

재생 가능 에너지원은 매력적인 존재다. 공기의 흐름을 이용하는 풍력 발전, 물을 이용하는 수력 발전과 조력 발전, 땅속 열로 물을 덥히는 지열 발전, 태양 전지와 태양열을 이용해서 물을 덥혀 전기를 만들어내는 태양열 발전 같은 것들이다. 우리가 세운 계획은 20년, 혹은 30년 이후에 실현 가능한 기술이 아니라 현재도 대규모로 도입이 가능한 기술에 기반하고 있다.

청정 에너지 시스템을 만드는 목표를 달성하기 위해 건설·운용·폐기 과정에서 온실가스와 공기 오염 물질을 거의 배출하지 않는 방법만을 대상으로 삼았다. 예를 들어, 가장 친환경적인 방법으로 생산되는 에탄올을 자동차의 연료로 써도 석유를 사용하는 자동차와 공기를 오염시키는 정도는 별다르지 않아서, 이로 인한 사망률은 거의 마찬가지다. 원자력 발전은 건설 과정과 우라늄 정제·수송 과정 등을 고려해보면 풍력에 비해 최대 25배에 이르는 탄소를 발생시킨다. 탄소 포집 및 제거 기술을 이용하면 석탄을 이용하는 발전소에서 발생하는 이산화탄소의 양을 줄일 수 있지만, 이 과정에서도 석탄을 연소시켜야 하기 때문에 대기오염 물질은 늘어날 수밖에 없고 석탄 생산·수송·처리 과정에서의 여타 유해한 효과도 확대된다. 마찬가지 측면에서 폐기물의 발생이나 테러의 영향도 고려해서 계획을 수립했다.

우리 계획에 따르면, 전 세계가 기후 변화 속도를 조금이라도 늦출 의지가 있다면 대대적인 변화를 겪어야 하는 난방 및 수송 업계도 WWS를 이용해서 필요한 전력을 공급받을 수 있다. 화석 연료를 이용하는 대부분의 난방(취사와 난로를 포함해서)은 전기 시스템으로, 화석 연료를 이용하는 대부분의 교통수단은 배터리와 연료 전지 차량으로 대치가 가능하다. WWS에 의해 만들어지는 전기를 이용해서 물을 전기분해하면 수소를 생산할 수 있으므로 항공기와 산업계도 수소 연료 전지를 이용하는 것이 가능해진다.

충분한 공급

이 글을 쓰는 현재, 전 세계의 순간 최대 전력 소비는 미국 에너지정보국의 자료에 따르면 12조 5,000억 와트(12.5테라와트)다. 이 수치는 인구 증가와 생활 수준 향상에 따라 2030년에는 16.9테라와트에 이를 것으로 예상된다. 에너지원별 비율은 현재와 비슷해서 상당 부분은 여전히 화석 연료에 의존할 것으로 보인다. 만약 전 세계적으로 화석 연료나 바이오매스를* 전혀 사용하지 않고 WWS에 의해 만들어진 전기만을 에너지로 사용한다면 상당히 흥미로운 결과가 나타난다. 전 세계의 전력 필요량은 11.5테라와트에 불과할 것이고, 미국의 수요는 1.8테라와트에 머무는 것이다.

*biomass. 식물과 같은 유기물을 이용해서 만들어낸 연료.

이처럼 필요량이 줄어드는 이유는 대부분의 경우에 전기를 이용하면 에너지를 훨씬 효율적으로 사용할 수 있기 때문이다. 예를 들어 자동차에서는 휘발유가 만들어내는 에너지의 17~20퍼센트만이 차를 움직이는 데 쓰이는 반면(나머지는 모두 열로 방출된다), 전기 자동차에서는 차량에 전달된 전기의 75~86퍼센트가 차를 움직이는 데 쓰인다.

설령 에너지 수요가 16.9테라와트에 이르더라도, WWS를 이용해서 그보다 더 많은 양의 에너지를 생산할 수 있다. 우리 연구팀이 수행한 연구를 비롯한 다양한 연구 결과에 따르면 전 세계적으로 이용 가능한 풍력 에너지의 양은 1,700테라와트에 이른다. 태양열은 심지어 6,500테라와트에 이른다. 물론 바다 한가운데나 산간오지, 기타 자연보호구역과 접근 불가능한 곳에 부는 바람이나 햇빛을 실제로 이용하기는 어렵다. 이런 지역을 제외해도 여전히 풍력이 40~85테라와트, 태양열이 580테라와트의 에너지를 갖고 있어 전 세계의 수요량을 충족하고도 남는다. 하지만 현재의 풍력 발전량은 0.02테라와트, 태양열 발전량은 0.008테라와트에 불과하다. 풍력과 태양열은 엄청난 잠재력이 있는 에너지원인 것이다.

여타 WWS 기술도 매력적이긴 마찬가지다. 이런 기술은 모두 빠르게 채용될 수 있지만 현실적인 이유 때문에 조력 발전은 연근해에서만 적용된다. 지열 발전은 많은 경우 지하 깊숙이 파내려가야 하기 때문에 경제성이 떨어진다. 현재 수력 발전량은 나머지 WWS 발전량을 압도하고 있지만, 이용 가능한 수력은 거의 대부분 활용되고 있는 실정이다.

계획 : 발전소 건설

재생 가능 에너지의 양이 충분하다는 사실은 분명하다. 문제는 재생 가능 에너지로 11.5테라와트의 에너지를 만들어낼 기간시설을 언제, 어떻게 만들 것이냐는 점이다. 우리 연구진은 기존의 수력으로 9%를 감당하고, 나머지는 풍력과 태양열 발전 기술을 사용하는 방식을 제안한다(비율을 조절해도 상관 없을 것이다).

전 세계적으로 5메가와트 규모의 풍력 발전기 380만 대를 세우면 풍력으로 전체 수요의 51%를 감당할 수 있다. 엄청난 규모로 생각되겠지만, 세계의 연간 자동차 생산량이 7,300만 대라는 사실을 상기할 필요가 있다. 나머지

40%의 전력은 태양 전지와 태양열 집열판으로 충당하는데, 태양 전지로 만들어지는 전력의 30%는 가정과 상업용 빌딩의 옥상에 설치된 태양 전지에서 나온다. 평균 300메가와트의 용량을 가진 태양 전지 발전기와 집열기 약 8만 9,000곳이 필요할 것이다. 우리 계획에 따르면 전 세계적으로 900곳의 수력 발전소가 필요하고, 이 중 70%는 이미 가동 중이다.

현재 세계적으로 풍력 발전 설비는 필요량의 0.8%만이 설치되어 있다. 전 세계에 설치된 380만 대의 풍력 발전기가 차지하는 면적은 모두 합해 50평방킬로미터 정도에 불과하다(맨해튼 면적보다 작다). 발전기 사이에 필요한 최소 거리를 고려한다고 해도 지구 육지 표면의 1% 정도만이 필요할 뿐이고, 그 공간은 농지나 목장으로 사용할 수 있고, 해상에 설치하는 것도 가능하다. 옥상이 아닌 곳에 설치되는 태양 전지판과 집열기에 필요한 토지는 지표면의 0.33% 정도다. 어쨌거나 이 정도 규모의 기간시설을 건설하려면 꽤 오랜 시간이 걸린다. 하지만 현재 가동되는 발전소를 건설하는 데도 오랜 시간이 걸렸기는 마찬가지다. 또한 2030년이면 에너지 수요가 16.9테라와트로 증가하므로 계속해서 화석 연료에 의존한다면 추가로 1만 3,000곳의 석탄 발전소를 설치해야 하고, 이에 필요한 석탄뿐 아니라 토지도 훨씬 많이 필요하다는 점을 고려해야 한다.

소재 확보 문제

WWS를 대규모로 이용하려면 건설 규모가 엄청나기도 하지만 진짜 문제는 다른 곳에 있다. 건설에 필요한 일부 자원은 물량이나 가격 측면에서 문제가 될 소지가 다분하다.

수백만 대의 풍력 발전기를 만들 수 있는 콘크리트와 철근을 충분히 확보하기는 어렵지 않을 뿐더러 이 두 가지 모두 재활용이 가능하다. 가장 문제가 되는 자재는 터빈의 기어 박스에 쓰이는 네오듐 같은 희토류 금속이다. 이런 금속은 사실 양이 부족하지는 않지만 채굴 비용이 저렴한 광산이 대부분 중국에 집중되어 있기 때문에 미국과 같은 나라의 경우 중국 의존을 피하기 위해 차라리 중동의 석유를 구매하는 정책을 펴고 있다. 하지만 풍력 발전기 제조업체들이 기어가 없는 터빈을 개발하고 있어 어쩌면 이런 희토류 금속 조달 문제에서 해방될 가능성도 있다.

태양 전지는 아몰퍼스 또는 크리스탈 실리콘, 텔루르화 카드뮴, 셀렌화 또는 황화구리 인듐을 이용해서 제조된다. 텔루륨과 인듐의 공급이 원활하지 못하면 일부 박막 태양 전지는 생산이 불가능하지만, 다른 종류의 태양 전지를 증산해서 대응할 수 있다. 은의 공급이 태양 전지를 대량생산하는 데 걸림돌이 되긴 하지만, 은을 덜 사용하는 기술을 개발하면 대처가 가능하다. 또한 기존의 제품에서 일부 부품을 재활용하면 소재 확보에 따르는 어려움을 어느 정도 덜 수 있다.

전기 모터에 쓰이는 희토류 금속, 리튬-이온 전지에 쓰이는 리튬, 연료 전지에 쓰이는 플래티늄은 수백만 대의 전기 자동차를 생산하는 데 문제가 될 만한 소재들이다. 전 세계 리튬 매장량의 반 이상이 볼리비아와 칠레에 있다. 이처럼 특정 자원의 생산지가 집중되어 있는 상황에서 수요가 급증하면 가격이 급격하게 올라갈 수 있다. 메리디언국제연구소(Meridian International Research)에서는, 사실 더 문제가 되는 것은 전 세계적으로 전기 자동차를 보급하는 데 필요한 경제성이 있는 리튬 매장량이 부족하다는 점이라고 말한다. 재활용이 한 가지 방법이 될 수 있긴 하지만, 그러려면 업계도 이미 알고 있듯이 처음에 리튬 전지를 생산할 때부터 재활용을 염두에 두고 만들어야 한다. 플래티늄도 재활용이 필요하다. 현재의 매장량은 연간 2,000만 대의 연료 전지 자동차 생산을 감당할 정도이고, 기존의 산업용 수요를 고려한다면 향후 100년 이내에 고갈될 예정이다.

적절한 비율

새로 수립되는 에너지 체계도 현재의 체계와 마찬가지로 에너지를 안정적으로 공급할 수 있어야 한다. WWS 기술에 기반한 에너지는 기존의 에너지원과 비교해서 운용 효율이 높다. 미국의 석탄을 이용한 화력 발전소는 평균적으로 1년에 12.5%의 기간은 정비와 수리로 인해서 가동을 중지한다. 현대적인 풍력 발전기는 지상에 건설된 경우에 2% 이하, 해상에 건설된 경우 5% 이하의 시간만 가동이 중지된다. 태양 전지 시스템도 2% 이하다. 게다가 개별 풍력 발전기나 태양열, 조력 발전 장치가 작동이 중지되는 경우 전체 전력 생산에 미치는 영향은 미미하다. 이와는 대조적으로 석탄, 원자력, 천연가스 발전소의 가동이 중지되면 대량의 전력이 생산되지 못한다.

1-1

사실 WWS에서 가장 큰 문제는 바람이 항상 불지는 않는다는 것과 햇빛이 항상 쨍쨍하지는 않다는 점이다. 이런 문제는 중단 없이 발전이 가능한 지열이나 조력을 기본적으로 활용하고, 상대적으로 바람이 많이 부는 밤에는 풍력을, 낮에는 태양열을 이용하면서 가동과 정지가 손쉬운 수력 발전을 이용해서 순간 수요에 대응하는 방식으로 어느 정도 완화할 수 있다. 예를 들어 150~300킬로미터 정도 떨어진 두 곳의 풍력 발전 단지를 연계해서, 어느 한 쪽에 바람이 불지 않을 때는 다른 쪽에서 생산되는 전력을 공급하는 방식을 생각해 볼 수 있다. 지리적으로 멀리 떨어진 발전 설비들을 연계하는 것도 전체적인 안정성에 도움이 된다. 가정에서는 전력 수요가 적은 시기에 전기 자동차를 충전하는 지능형 충전 장치를 사용하고, 전력 저장 시설을 설치하는 것도 한 방법이다.

바람은 폭풍이 불 때처럼 햇빛이 나지 않는 날씨일 때 세게 불고, 햇빛은 바람이 없는 날 더 강한 경향이 있으므로, 풍력과 태양열을 조합해 활용하면 상호 보완이 될 수 있다. 특히 지열을 이용해 기본 전력을 생산하고, 수력이 더해지는 상황이라면 더욱 그렇다.

석탄 못지않게 저렴

WWS 에너지원을 적절히 조합하는 우리 계획에 따르면 가정용, 상업용, 산업용, 수송용 전력을 안정적으로 공급할 수 있다. 그렇다면 논리적으로 볼 때 다음 질문은 그만큼의 전력을 만들어낼 수 있는가이다. 각각의 기술별로 연간 전력 생산 비용, 운용 및 유지비, 송전 비용을 계산해보았다. 오늘날 풍력, 지열, 수력 발전 비용은 모두 kWh당 7센트를 밑돈다. 조력과 태양열 발전은 이보다 비싸다. 그러나 2020년 이후에는 풍력, 조력, 수력 발전 비용이 kWh당 4센트 이하로 떨어질 것으로 예상된다.

비교를 해보자면, 미국에서 2007년 통상적인 방법에 따라 만들어진 전기의 평균 생산 비용은 kWh당 약 7센트였지만 2020년에는 8센트가 될 것으로 보인다. 풍력 발전기에서 만들어진 전기의 생산 비용은 이미 석탄이나 천연가스를 이용해서 만드는 전기와 비슷한 수준이 되어 앞으로는 풍력 발전이 가장 저렴한 발전 방법이 될 것으로 기대된다. 풍력 발전은 가격 경쟁력을 갖고 있어 지난 3년간 미국에서 새로 건설되는 발전소 중에서 전력 생산량 면에서 천연가스에 이어 두 번째로 점유율이 높고 석탄 발전소보다 많다.

현재 태양열은 상대적으로 생산 단가가 높지만 2020년에는 가격 경쟁력을 갖추게 될 것으로 보인다. 브룩헤이번국립연구소(Brookhaven National Laboratory)의 바실리스 프테나키스(Vasilis Fthenakis)가 면밀하게 검토한 바에 따르면, 10년 이내에 태양 전지를 이용한 전기 생산 단가가 장거리 송전과 심야에 전력을 저장하는 데 필요한 압축 공기 저장 장치 관련 비용을 포함해도 kWh당 약 10센트 수준까지 떨어질 것으로 보인다. 또한 이 연구에서는 대규모 태양열 발전 장치를 건설해서 봄부터 가을까지 하루 24시간 전기를 생산한다면 전기 가격을 kWh당 10센트 이하로 낮출 수 있을 것으로 분석했다.

WWS로 에너지 공급이 이루어지게 되면 자동차도 배터리나 연료 전지를 동력으로 사용해야 하므로 이런 자동차와 내연기관 자동차의 경제성을 비교해볼 필요가 있다. 필진 중 한 명인 델루치(Delucchi)가 캘리포니아주립대학교 버클리 캠퍼스의 팀 랩맨(Tim Lipman)과 함께 수행한 연구에 따르면, 리튬-이온 배터리나 니켈-금속 수소 전지를 이용하는 대량생산 전기 자동차의 전체 사용 기간의 거리당 비용(배터리 교체 비용 포함)은 휘발유 가격이 갤런당 2달러 이상인 상황이라면 휘발유 자동차와 비슷한 것으로 나타났다.

화석 연료 사용에 따른 외부 비용(환경 및 기후 변화에 의한 건강 손상에 따른 추가 비용)을 고려한다면 WWS 기술이 오히려 가격 경쟁력을 갖는다고 보아야 한다.

WWS 시스템을 세계적으로 구축하는 데 드는 전체 비용은 송전 시스템을 제외하고도 향후 20년간 약 100조 달러대에 이를 것이다. 그러나 이 비용을 정부나 소비자가 부담하는 것은 아니다. 여기에 투자된 비용은 전기를 판매해서 회수한다. 또한 12.5테라와트에서 16.9테라와트로 늘어나는 에너지 수요를 전통적인 에너지원에만 의존하다면 수천 개의 발전소를 추가로 건설해야 하며, 여기에만도 어림잡아 10조 달러가 들어간다. 그것도 보건, 환경, 안전 관련 추가 비용 수십조 달러를 제외한 금액이다. WWS 계획은 기존의 오래되고, 오염을 발생시키며, 비효율적인 시스템에 대비되는 새롭고 청정한 에너지원을 제공하려는 것이다.

정치적 의지

우리가 분석한 바에 따르면 WWS가 전통적 에너지원에 비해 가격 경쟁력을 갖게 될 것은 분명하다. 그러나 당분간은 일부 WWS 기술로 만든 전기가 화석 연료로 생산한 전기보다 상당히 비쌀 것이라는 점도 사실이다. 따라서 어느 정도는 보조금과 탄소세를 적절히 조합할 필요가 있다. 신기술이 자리 잡을 때까지는 발전 비용과 전기 도매 가격 사이의 차액을 메워주는 차액지원제도(Feed-in-Tariff, FIT)가 매우 효과적이다. 차액지원 제도를 WWS로 생산된 전기를 판매할 수 있는 권리를 가장 싼값에 입찰한 전력 전송 업자에게 주는 역경매 기법와 적절히 혼합하면 WWS 전기 생산 업자에게 단가를 낮추려는 동기를 부여할 수 있다. 그렇게 되면 차액지원제도는 더 이상 필요하지 않게 될 것이다. 차액지원제도는 몇몇 유럽 국가와 미국 일부 주에서 시행되었으며, 독일에서는 태양열 발전을 촉진하는 데 상당히 효과적이었다.

화석 연료 자체, 혹은 화석 연료를 사용할 때 발생하는 환경 오염에 대해서 세금을 부과하는 것도 타당한 일이다. 최소한 화석 연료 탐사와 채굴에 지원되는 보조금은 폐지해야 공정한 경쟁이 가능하다. 바이오 연료 생산이나 이에 필요한 작물을 재배하는 농장을 지원하는 것처럼 WWS보다 덜 바람직한 에너지원을 권장하는 정책도 청정 에너지 도입을 지연시키기 때문에 중단해야 한다. 전반적으로 정책 입안자들이 에너지 업계의 로비에서 자유로워질 필요가 있다.

마지막으로, 각국이 WWS로 생산하는 대량의 전기를 안정적으로 전송할 수 있는 장거리 전송 시스템에 투자할 의지가 있어야 한다. 미국의 경우만 보아도 바람은 대평원 지대, 태양열은 남서부 사막 지대에 풍부하지만 실제 전력 소비는 보통 이곳에서 많이 떨어진 도시에서 이루어지기 때문이다. 또한 전력 수요가 정점에 달하는 시간대의 전력 소비를 줄이려면 발전 사업자와 소비자 모두 전기 사용을 효과적으로 통제할 수 있는 지능형 전력망이 있어야 한다.

대규모의 풍력, 수력, 태양 에너지 시스템은 전 세계 에너지 수요에 안정적으로 대응할 수 있으므로 기후, 대기, 수질, 환경, 에너지 안보 측면에서 매우 효과적이다. 앞에서도 이야기했듯이, 주된 장애물은 대부분 정치적인 것이지 기술적인 것들이 아니다. 차액지원제도와 인센티브를 적절히 혼합해서 전력 생산자들이 비용을 절감하도록 동기를 부여하고, 화석 연료에 대한 보조금을 폐지하고 지능형 전력망을 확장한다면 WWS는 매우 빠르게 확산될 수 있다.

물론 기존의 전력 및 수송 업계도 지금의 시스템을 구축하는 데 투자한 금액을 회수해야 한다. 합리적인 정책을 편다면 각국은 10~15년 이내에 신규 에너지원의 25%를 WWS로 충당할 수 있을 것이고, 20~30년 이내에는 이 수치를 100%까지 올릴 수 있을 것이다. 아주 적극적인 정책을 편다면, 이론적으로는 기존의 화석 연료 발전소를 모두 폐기하는 것도 가능하지만, 현실적으로는 40~50년 정도의 시간을 목표로 하는 것이 타당하리라고 본다. 어찌 되었건 강력한 리더십이 있어야 하고, 과학자들이 실험실에서 보여주는 수준이 아니라 업계가 새롭게 개발해서 상용화한 기술을 국가가 지속적으로 적용할 필요가 있다.

10년 전에는 전 세계적으로 WWS 시스템을 구축하는 것이 기술적으로나 경제적으로 타당한지 분명치 않았다. 이제는 더 이상 그렇지 않다는 것이 분명해졌으므로, WWS에 의한 대규모 전력 생산이 가능할지는 각국 정상이 정치적으로 결단할 문제가 되었다. 기후와 재생 가능 에너지에 관한 의미 있는 목표를 세우는 것에서부터 시작한다면 가능한 일이라고 본다.

1-2 일곱 가지 혁신적 에너지 기술

편집부

다양한 재생 가능 에너지원을 보다 효과적으로 다루고 에너지 효율을 높이려는 노력이 여러 곳에서 진행 중이다. 좋은 일이다. 물론 대부분의 시도는 결과가 좋긴 하겠지만 혁신적 변화라고 할 만한 건 드물 것이다. 에너지 관련 문제를 근본적으로 해결하려면 급진적 변화가 있어야 한다. 과학자들과 엔지니어들은 수년간 아주 새로운 방법을 모색하고 있다. 위성에서 태양열을 이용해 만들어낸 전기를 지상으로 전송한다든가, 공중에 떠다니는 풍력 발전기 같은 것들이다. 몇몇 핵심 분야의 연구자들은 정부와 기업으로부터 자금 지원을 받아 새로운 기술을 개발하고 있다. 다음에 소개할 기술들은 그중에서도 기대되는 것들로, 몇 가지 장애물을 극복할 수만 있다면 실질적이면서 적절한 가격에 에너지 대량생산이 가능할 것으로 예상된다.

핵융합으로 만들어내는 핵분열

물리학자들과 엔지니어들은 수소폭탄과 태양에서 일어나는 현상인 핵융합 기술을 개발하려 수십 년째 노력 중이다. 수소의 핵을 강한 힘으로 결합시키면 중성자와 에너지가 뿜어나오는 핵융합 현상을 일으키는 것 자체는 이제 더 이상 어렵지 않다. 문제는 핵융합이 일어나도록 만드는 점화 단계에 투입한 에너지보다 핵융합의 결과로 방출되는 에너지가 더 많아지도록 효율적으로 관리하는 기술이다. 그래야 비로소 핵융합으로 전기를 만들어내는 것이 의미가 있게 된다.

캘리포니아 리버모어에 있는 국립점화소(National Ignition Facility)의 과학자들은 새로운 방법을 고안해냈다. 핵융합을 이용해서 핵분열을 일으키는 것이다. 핵분열은 통상적인 원자력 발전소에서 사용되는 방법으로, 원자를 분리할 때 나오는 에너지를 이용한다. 에드워드 모세스(Edward Moses) 소장은 이 방법을 이용하면 20년 이내에 시제품 핵융합 발전소를 만들 수 있다고 주장한다.

이 방법은 레이저 펄스가 반응로의 중심부에서 융합 폭발을 만들어내고, 이때 방출된 중성자가 반응로 벽에 붙어 있는 우라늄이나 그 밖의 핵연료층에 충돌하면서 원자를 분리하는 것이다. 이 핵분열에서 발생하는 에너지가 반응로의 출력을 4배 이상 높인다. 핵융합을 핵분열에 평화적으로 이용한다는 아이디어는 옛 소련 '수소폭탄의 아버지'로 불리는 안드레이 사하로프가 1950년대에 최초로 제시했다.

대부분의 에너지가 핵분열로 만들어진다면 통상적인 핵 발전 방식을 쓰지 않고 굳이 핵융합을 이용해서 핵분열을 일으키려고 애쓰는 이유는 무엇일까? 일반적인 핵분열 반응로는 분열하는 원자에서 방출되는 중성자가 다른 원자에 부딪히면서 또 다른 분열을 일으키는 연쇄 반응을 이용한다. 그런데 연쇄 반응을 유지하려면 플루토늄이나 농축우라늄이 있어야 하는데, 두 가지 모두 핵무기에 쓰이는 원료다.

1-2

핵융합과 핵분열을 혼합한 방식에서는, 핵융합으로 인한 폭발에서 발생한 중성자가 핵분열을 일으키므로 연쇄 반응을 유지할 필요가 없다. 이 방식을 쓰면 농축우라늄, 열화우라늄(우라늄 농축 과정에서 부산물로 만들어진다), 심지어 다른 원자로에서 쓰고 남은 핵폐기물을 핵연료로 사용하는 것도 가능하다. 이런 폐기물은 보통 방사능이 사라질 때까지 수천 년간 보관하거나, 핵 발전에 다시 쓰려면 아주 복잡하고 위험한 재처리 과정을 거쳐야 한다.

또 다른 장점은 연료 소비량이다. 통상적인 원자로에서는 사용되는 핵연료의 일부 원자에서만 분열 반응을 일으킨다. 모세스에 따르면 융합-분열 원자력 발전소는 핵연료의 90퍼센트까지 활용할 수 있으므로 기존의 원자로에 비해 핵연료가 20분의 1만 있으면 된다. 발전소를 50년간 운용할 경우 마지막 10년간의 '소각' 단계에서는 발전량이 줄어들기는 하지만, 폐쇄할 때까지 발생하는 핵폐기물의 총량이 2,500킬로그램에서 100킬로그램으로 감소한다.

레이저 융합과 경쟁하는 기술로, 자기장을 이용해서 융합 반응을 가두어놓는 융합-분열 방법도 연구 중이다. 2009년 텍사스주립대학교 오스틴 캠퍼스의 연구팀은 소형 자기 융합 점화 기능을 가진 혼성로를 제안했다. 중국에서는 통상적인 핵연료를 공급하면서 핵폐기물을 태우는 방식으로 에너지 생산에 최적화된 설계를 검토 중이다.

어떤 방식이 되었건 핵융합 에너지는 매우 혁신적인 방법이다. 비록 모세스의 설비가 점화될 수 있음을 보여주긴 했어도 핵융합 발전소가 만들어지기까지는 여전히 넘어야 할 기술적 장벽이 많다. 우선 자그마하고 매우 정교한

융합용 연료인 펠릿(pellet)을 저렴한 가격에 대량으로 생산할 수 있어야 한다. 1초에 10번씩 점화를 일으켜야 하는데, 여기에는 아직까지 입증되지 않은 여러 기술이 쓰인다(국립점화소에서도 기껏해야 하루에 몇 회 정도만 가능하다).

혼성 방식도 통상의 원자로에 비해 엄청난 열과 중성자의 세례를 견뎌내는 핵분열 연료와 핵분열 홀라움(hohlraum : 독일어로 '빈 방'이란 뜻)같이 순수한 핵융합에서는 필요하지 않은 기술을 써야만 된다. 이에 적합한 대안으로 단단한 다층 구조의 '조약돌'부터 우라늄과 토륨이 혼합된 액체나 용융염에 용해된 플루토늄에 이르기까지 다양안 아이디어가 나오고 있다.

쉽지 않은 도전이지만 모세스는 이 과정에서 중요한 진전을 이루었다. 물론 무엇보다도 레이저를 이용한 핵융합이 실질적으로 가능하다는 것을 보여주어야 한다.

- 그래함 콜린스(Graham P. Collins)

태양열로 만드는 연료

태양이 단 한 시간 동안 지구에 쏟아붓는 에너지는 인류가 1년간 사용하는 에너지의 양보다 많다. 만약 이 중 일부라도 액체 연료로 바꿀 수 있다면 교통수단의 연료로 화석 연료를 더 이상 고집할 필요도 없고 이로 인한 문제점들도 사라질 것이다. "태양열을 이용해서 화학 연료를 만들어내게 되면 모든 것이 뒤바뀔 겁니다." 캘리포니아공과대학교 인공광합성협동연구센터(Joint Center for Artificial Photosynthesis)의 소장 나단 루이스(Nathan Lewis)는 말한다.

1-2

샌디아국립연구소(Sandia National Laboratories)는 뉴멕시코 주의 사막에서 6미터 폭의 접시형 거울을 이용해서 흥미로운 연구를 진행하고 있다. 이 장치는 햇빛을 거울 앞면에 설치된, 맥주통처럼 생긴 0.5미터 길이의 실린더 형태의 기계로 모은다. 거울은 햇빛을 기계의 벽면에 설치된 창을 통해 1분에 한 번 회전하는 12개의 동심원 형태의 원판에 초점을 맞춘다. 그러면 산화철(녹)이나 산화세륨이 칠해져 있는 원판 끝부분이 섭씨 1,500도까지 가열된다. 이 열이 녹에 들어 있는 산소를 녹에서 분리시킨다. 원판이 햇빛이 들어오는 반대편의 냉각기 쪽을 향하면 주입된 증기나 이산화탄소에서 산소를 흡수해서 에너지가 풍부한 수소와 일산화탄소를 만들어내는 것이다.

수소와 일산화탄소의 혼합물은 합성가스 또는 syngas(synthesis gas)라고 불리는데, 이는 화석 연료, 화합물, 심지어 플라스틱의 기본을 이루는 분자다. 이 과정에서는 연료를 태울 때 발생하는 만큼의 이산화탄소가 흡수된다. 첨단에너지연구청(Advanced Research Projects Agency-Energy)의 아룬 마줌다르(Arun Majumdar) 소장은 이런 식으로 태양열을 이용해서 연료를 만들어내면 청정 연료 공급, 에너지 안보, 이산화탄소 감소, 기후 변화 영향 감소 등 '1석 4조'의 효과가 있다고 설명한다.

취리히에 있는 스위스연방공과대학교와 미네소타주립대학교와 같은 곳에서는 합성가스 생산 설비를 개발 중이다. 일부 신생 기업은 또 다른 방식을 개발하고 있다. 매사추세츠 주 케임브리지에 있는 선 칼탈리틱스(Sun Caltalytix)사는 저렴한 촉매를 물에 살짝 담근 뒤, 태양 전지에서 만들어진 전기로 수소와 산소를 만들어낸다. 뉴저지 주 몬마우스에 있는 리퀴드라이트(Liquid Light)사는 이산화탄소를 전기 화학 셀에 집어넣어 메탄올을 만들어낸다. 루이스 자신도 햇빛을 흡수해서 물을 수소와 산소로 분리하는 인공 나뭇잎을 반도체 나노와이어를 이용해서 만들고 있다.

물론 실용성을 확보하는 일은 쉽지 않다. 샌디아국립연구소에서는 원판이 계속 부서져 어려움을 겪고 있다. 애리조나주립대학교의 광학연구소(Light Works) 소장 게리 딕스(Gary Dirks)는 그 과제에 참여하고 있지는 않지만 "섭씨 1,500도와 900도 사이를 왔다갔다 하는 거니까요. 그런 상태를 견디는 소재는 드뭅니다"라고 설명했다. 다음 단계는 녹 구조를 미세 구조 수준에서 보다 견고하게 만드는 일과 더 좋은 소재를 찾아내는 것이다. 비싼 거울 값도 문제다. 샌디아국립연구소의 연구진은 합성가스를 리터당 2.65달러 수준의 가격에 생산할 수 있을 것이라고 예상한다. 화학 엔지니어이자 이 기술의 공동 발명자 중 한 명인 제임스 밀러(James E. Miller)는 "아직 그렇다고 확신할 순 없다"고 고백했지만 "많은 진전이 있었다"고 덧붙였다.

– 데이비드 비엘로(David Biello)

양자 전지

최근의 태양 전지는 흡수한 태양광의 단지 10~15퍼센트를 전류로 변환하는 데 그치기 때문에, 이렇게 생산한 전기의 단가가 높다. 빛을 흡수하는 단층 실리콘의 이론적 최대 효율은 31퍼센트(실험실에서 달성한 최고 수치는 26퍼센트)

에 그친다. 반도체 결정이나 퀀텀닷(Quantum dot)에 관한 새로운 연구 결과 이론적으로는 최대 효율이 60퍼센트까지 올라가, 경쟁력 있는 가격에 전기를 생산할 수 있을 것이라는 전망을 밝게 해주고 있다.

지금까지의 태양 전지에서는, 광자가 실리콘의 전자를 때려 전자가 전선을 따라 흐르면서 전류가 만들어진다. 문제는 햇빛의 광자에 에너지가 너무 많다는 데 있다. 햇빛의 광자가 실리콘에 충돌하면 '고온 전자(hot electron)'가 방출되는데, 이런 전자는 에너지를 열로 잃어버려 전도체 전선을 따라 흐르기도 전에 순식간에 초기 상태로 돌아가 버린다. 만일 고온 전자가 식기 전에 도체를 따라 흐르게 만들 수 있다면 태양 전지의 효율은 두 배 높아질 것이다.

한 가지 방법은 전자가 식는 속도를 늦춰서 도체에 전자가 흐르도록 시간을 버는 것이다. 2010년 텍사스주립대학교 오스틴 캠퍼스의 화학자 주 샤오양(Zhu Xiaoyang)의 연구팀은 각각 수천 개의 원자로 이루어진 퀀텀닷에 관심을 갖고 살펴보기 시작했다. 연구팀은 구하기 쉬운 소재인 이산화티타늄 전도층 위에 셀렌화납(PbSe) 층을 만들었다. 여기에 빛을 비추자, 고온 전자가 열을 잃는 데 1,000배의 시간이 걸렸다. 노트르담대학교의 프라샨트 카맷(Prashant Kamat)은 이 연구에 참여하지 않았지만, 주 샤오양의 실험이 "실현 가능성이 충분히 있다"는 것을 보여준다고 이야기했다.

하지만 전자의 움직임에서 시간을 버는 것은 효율을 높이는 여러 방법 중 하나일 뿐이다. 주샤오양은 전선이 고온 전자의 열을 흡수해버리지 않고 가능한 한 많은 수의 고온 전자를 전류로 바꾸는 방법을 찾고 있는데, 실용화되려면 아직 많은 장애물을 넘어야 한다. 그는 고온 전자를 어떻게 식혀서 어떤 식으로 도체에 흐르게 만들 것인지를 해결해야 하는 이 상황을 "물리학을 새로 정립해야 할 지경"이라고 표현했다. 그는 "시간이 좀 걸릴 겁니다. 하지만 분명히 해낼 수 있다고 봅니다. 제 집 지붕에 이 기술로 만든 태양 전지판이 설치되는 걸 보고 싶습니다"라고 말했다. 성공한다면 상업적으로도 엄청난 일이 될 것이다.

-JR 민켈(JR Minkel)

열 엔진

미국에서 생산되는 에너지의 60퍼센트는 사용되지 않는다. 대부분은 자동차와 발전소에서 열로 사라진다. 미시간 주 워렌에 있는 자동차 회사 GM의 연구진은 형상기억합금을 이용해서 이처럼 낭비되는 에너지를 잡아두는 방법을 연구 중이다. 열을 역학 에너지 형태로 보관했다가 추후에 이 에너지로 전기를 만들어내는 기술이다. 팀장인 앨런 브라우니(Alan Browne)의 1차적인 목표는 엔진 대신 자동차 배기관에서 발생하는 열을 이용해서 에어컨이나 라디오를 동작시키는 것이다.

브라우니의 계획은 특정 '형상'을 기억하는 니켈-티타늄 합금으로 만든 얇은 끈 여러 가닥으로 이루어진 벨트에 열을 담아두는 것이다. 형상기억합금은 두 가지 상태의 형상을 오간다. 고온에서는 단단한 '고유 상태', 상대적으로 낮은 온도에서는 유연한 움직임을 보이는 상태가 된다. GM의 설계에 따르면,

벨트는 삼각형의 꼭짓점에 설치된 세 개의 풀리(pulley)에 걸쳐 장착된다. 세 개의 풀리 중 하나는 고온의 배기관 근처에 위치하고, 나머지 두 개는 이와 거리가 떨어져서 상대적으로 온도가 낮은 곳에 위치한다. 벨트가 고온에서는 수축하고 낮은 온도에서는 팽창하므로 벨트가 풀리를 돌리면서 회전한다. 풀리는 발전기의 축에 연결되어 있으므로 전기가 만들어진다. 온도 차이가 클수록 발전량이 증가한다.

GM이 만든 시제품은 실용적 수준에 이르지는 못한 상태지만 원리적으로는 충분히 가능성을 보여준다. 고작 10그램에 불과한 끈이 2와트의 전기를 만들어내는데, 이 정도면 밤에 식별 가능한 불빛을 만들 수 있다. 브라우니는 이 기술을 10년 이내에 상용화할 수 있으며, 가정용 기기나 발전소의 냉각탑에 형상기억합금 열 엔진을 설치하는 데 아무런 기술적 장애가 없다고 주장한다. HRL연구소의 소재 담당 협력 연구원인 제프 맥나이트(Geoff McKnight)는 이 기술이 단지 섭씨 10도의 온도차만 있어도 구현이 가능하므로 과거에는 실용화가 어렵던 개념을 실현시켜 준다고 말한다.

GM의 설계는 직관적이지만 아직 실용화와는 거리가 멀다. 형상 기억 합금은 피로가 누적되면 부서진다. '원래 상태'의 형상을 만들려면 3개월 동안의 처리 과정이 필요하다. 금속 선을 벨트로 만드는 일도 쉽지 않다. 공기만으로 벨트를 효율적으로 가열하고 식히는 방법을 찾기도 어렵다. 이런 문제들을 실제로 어떤 식으로 해결하는지에 대해서 브라우니는 금속 끈의 두께를 변경하고, 벨트의 배치를 조절하고 벨트가 가열되고 냉각되는 방식을 조절한다는 것이외에는 답을 주지 않았다. 하지만 이 정도면 "인간이 생각할 수 있는 모든 과학적 방법"을 망라한 수준이다.

열을 재활용하는 기술을 GM만 연구하고 있지는 않다. 일리노이주립대학교의 산지브 신하(Sanjiv Sinha)는 열을 전기로 변환하는, 유연하면서도 고체인 소재를 개발 중이다. 열 엔진 개발에 성공한다면 응용 분야는 냉각탑, 공장 보일러,수백만 대의 가정용 난방 라디에이터, 냉장고, 굴뚝은 물론이고 트랙터, 트럭, 기차, 비행기 등에 이르기까지 무궁무진하다. 전 세계적으로 상상할 수 없는 양의 에너지가 생산될 것이고 화석 연료의 소비는 급감할 것이다.

– 비잘 트리베디(Bijal P. Trivedi)

충격파를 이용한 자동차 엔진

자동차에 쓰이는 엔진은 100년 넘게 피스톤의 왕복 운동에 기반한 구조를 유지하고 있다. 심지어 최신 기술이라고 판매되는 하이브리드 엔진이나 쉐보레 볼트의 주행거리 연장 장치도 출력을 높이고 배터리를 효율적으로 충전하기 위해 소형 피스톤 엔진을 달고 있다. 그러나 미시간주립대학교에서는 파동 디스크(wave-disk) 엔진 혹은 충격파(shock-wave) 엔진이라는 이름의, 피스톤이 없는 완전히 새로운 구조의 엔진을 개발 중이다. 개발이 성공한다면 미래의 하이브리드 엔진 자동차는 같은 양의 연료로 지금보다 주행거리가 5배는 길어질 것이다.

이 엔진의 공동 발명자 중 한 명인 미시간주립대학교 기계공학과의 노베르트 뮐러 교수는 이 엔진의 크기가 냄비 정도에 불과하고 부품 수도 피스톤 엔진에 비해 현저하게 적다고 말한다. 피스톤, 로드, 엔진 블록 같은 부품이 필요 없기 때문이다. 그는 중량 감소와 높은 연료 효율 덕분에 "이 엔진과 제동 회생 에너지 기술이 쓰이는 플러그인 하이브리드 자동차는 같은 연료로 주행거리가 5배는 늘어날 것"이라고 설명한다. 제조 비용도 30퍼센트 가까이 줄어든다.

뮐러의 연구팀은 이스트랜싱(East Lansing)에 있는 실험실에서 파동 디스크 엔진 시제품을 시험 중이다. 현재 목표는 25킬로와트 출력의 엔진이 동작하도록 하는 것이다. 첫 시제품의 에너지 변환 효율은 30퍼센트 정도일 것으로 기대되는데, 현재 최고 수준의 디젤 엔진 효율은 45퍼센트에 이른다. 하지만 그는 앞으로 파동 디스크 엔진의 효율을 65퍼센트까지 높일 수 있을 것으로 예상하고 있다.

일반적으로 휘발유 엔진은 휘발유와 공기의 혼합물이 연소실에 들어오면 점화 플러그에 불을 붙여서 폭발을 일으킨 뒤, 이 폭발력으로 피스톤을 움직이고, 피스톤이 크랭크 축을 회전시켜 회전 운동을 만들어낸 뒤 이를 바퀴에 전달한다. 디젤 엔진에서는 피스톤이 연료와 공기를 강하게 압축해서 자연 발화를 일으킨다. 그러면 폭발한 가스가 팽창하면서 피스톤을 밀어내고, 그 결과 크랭크 축이 회전하는 것이다.

파동 디스크 엔진에서는 전력이 회전하는 터빈 내부에서 만들어진다. 날개가 아주 많은 선풍기(rotor)를 상자에 넣고 책상 위에 눕혀놓은 상황을 생각해보자. 고온으로 압축된 공기와 연료가 회전축 가운데를 통해서 수많은 날개

사이로 흘러들어간다. 압축된 혼합물이 점화되면 불이 붙은 가스가 좁은 공간에서 팽창하면서 남은 공간에 있는 공기를 압축하는 충격파를 만들어낸다. 충격파가 선풍기가 들어 있는 상자에 반사되면서 더운 공기를 더 압축하고, 이 공기는 적절한 순간에 상자 외부로 배출된다. 곡면의 날개와 압축된 가스, 배출되는 가스의 흐름이 맞물려서 주위에 장착된 로터를 돌려 회전 운동을 하게 하는 것이다.

폴란드 바르샤바공과대학교의 야누츠 피에흐나(Janusz Piechna) 부교수는 파동을 이용한 로터 연구가 이미 1906년에 시작되었다고 말한다. 사실 일부 스포츠카의 슈퍼차저(supercharger)에* 사용되고 있기도 하다. 하지만 일정하지 않은 가스의 흐름을 효과적으로 이용하는 방법을 찾아내기란 쉽지 않다. 뮐러는 가스의 흐름이 매우 복잡한 데다 비선형 움직임을 보이고 있어 이런 가스의 흐름을 예측하려면 굉장히 복잡한 계산이 필요하고, 최근까지도 계산의 부정확함, 과다한 계산량 등의 문제에서 자유롭지 못했다고 이야기한다. 미시간주립대학교를 비롯한 여러 곳에서 수행된 정교한 시뮬레이션에 따라 이제는 최고의 효율을 내는 날개의 형상을 찾아낼 수 있게 되었고, 폭발과 배기 순간을 정확하게 맞힐 수 있게 되었다.

*엔진의 크랭크 축을 압축기에 연결해서 압축 공기를 연소실 안으로 주입하는 기술.

물론 컴퓨터 시뮬레이션에서 최고의 성능을 보이는 설계가 실제로도 그럴지는 장담하기 어렵다. 클리블랜드에 있는 NASA 글렌연구센터에서 유체역학을 연구하는 다니엘 팍슨(Daniel E Paxson)은 "파동-로터 기술은 실제 구현이 어려울 수도 있다"고 지적했다. 미시간주립대학교의 프로젝트는 기술에 대한 기대와 우려를 안은 상태에서 "극단적인 설계를 적용한" 경우라는 뜻이다. "궁극적으로 어떤 결과가 나올지는 모르겠지만, 그 과정에서 얻게 될 정보는 많을 겁니다."

뮐러는 자신의 연구팀이 파동-로터 엔진을 개발해 스쿠터에서 가정용 자동차, 트럭에 이르기까지 보다 친환경적인 하이브리드 이동 수단을 만들어낼 수 있을 것이라고 믿어 의심치 않는다. "시간과 노력, 상상력의 문제일 뿐입니다. 물론 개발 비용도 중요하긴 하죠."

- 스티븐 애슐리(Steven Ashley)

자석 에어컨

에어컨, 냉장고, 냉동고는 편리한 물건들이긴 하지만 가정에서 소비되는 에너지의 3분의 1가량을 소모하는 기기들이다. 자석을 이용한 아주 새로운 개념의 기술이 이런 에너지 소비를 극적으로 줄여줄지도 모른다.

대부분의 냉장 기기는 냉매로 쓰이는 가스나 액체를 압축·팽창시키는 과정을 반복한다. 냉각 동작을 할 때는 열을 실내로 방출한다. 압축기는 에너지를 엄청 잡아먹는 물건이다. 가장 보편적으로 사용되는 냉매 가스는 이산화탄소에 비해 대기 온도를 분자마다 1,000배는 더 올린다고 보면 된다.

밀워키 주에 있는 애스트로노틱스(Astronautics) 연구진은 압축기가 필요 없는, 자석을 이용한 냉각 기술을 개발 중이다. 자성을 띠는 모든 물질은 자기장에 노출되면 어느 정도 온도가 오르고, 자기장에서 벗어나면 온도가 떨어지는데, 이를 자기 열량 효과라고 한다. 원자는 열을 진동의 형태로 보존한다. 자기장이 금속의 원자를 정렬해서 원자가 자유롭게 움직이지 못하는 상태가 되면, 금속 원자의 진동이 더 커져 결과적으로 온도가 상승하게 된다. 자기장을 없애면 금속의 온도가 다시 떨어진다. 이러한 현상은 1881년에 발견되었지만, 이론적으로 볼 때 이 효과를 극대화하려면 극저온으로 냉각된 초전도 자석이 필요하기 때문에 상업적 용도의 개발은 이루어지지 않았다. 그런데 1997년, 아이오와 주에 있는 미국 에너지부 산하의 에임스연구소(Ames Laboratory)의 소재 연구팀과 애스트로노틱스가 공동으로 실온에서 엄청난 자기 열량 효과를 갖는 가돌리늄, 규소, 게르마늄 합금을 고안해냈다. 이 회사는 이 밖에도 비슷한 성질을 갖는 다른 합금도 만들어냈다.

현재 애스트로노틱스는 1,000평방피트 면적의 가정에서 쓸 수 있는 에어컨을 개발 중이다. 작고 평평한 원판에 이 합금으로 만들어진, 구멍이 많이 뚫려 있는 쐐기가 달려 있다. 원판은 반지 모양의 고정된 영구 자석에 둘러싸여 있다. 자석 한쪽에는 틈이 나 있는데, 그곳에 자기장이 집중된다. 원판이 회전하면 각각의 자기 열량 쐐기가 그 틈새를 지날 때 온도가 올라가고, 틈새를 지나고 나면 온도가 내려가는 일이 반복된다. 내부에서 순환하는 액체가 회전하는 쐐기에 의해 가열되었다가 냉각되면, 냉각되었을 때 방 안의 열을 흡수한다. 자석은 기기 밖으로 자기장이 방출되지 않도록 세심하게 설계되어 있어 주변에 있는 전자기기나 심장박동기를 장착한 사람에게 영향을 미치지 않는다.

통상적인 냉각 장치에서는 압축기가 대부분의 역할을 맡는다. 반면 자석 냉각기에서는 원판을 회전시키는 모터가 대부분의 일을 하며, 모터는 압축기에 비해 훨씬 효율이 높다. 애스트로노틱스의 목표는 2013년까지 동일한 냉각 능력을 갖고 있지만 전력 소비는 3분의 1에 지나지 않는 시제품을 만들어내는 것이다.* 게다가 커다란 덤도 있다. 이 장치는 열을 전달하는 데 물만을 사용하므로 "보다 환경 친화적"이라는 게 애스트로노틱스 기술센터 스티븐 제이콥스(Steven Jacobos)의 말이다.

*2015년 1월에 열린 CES 전시회에서 독일 BASF, 중국 Haier 사와 함께 이 기술을 이용한 와인 냉장고를 전시했음.

아직 해결해야 할 부분이 많이 있지만 이 기술은 냉장고와 냉동고에도 이용될 수 있다. 구멍이 뚫린 쐐기를 따라 흐르는 물의 흐름을 제어하기는 쉽지 않다. 원판은 1분에 360~600회전의 속도로 회전한다. 또한 자석은 값비싼 네오디뮴-보론 합금으로 만들어져 있어 필요한 만큼의 자력을 가지면서 크기를 최소화하는 기술이 상품화의 관건이 될 것이다. 캐나다 브리티시컬럼비아 주에 있는 빅토리아대학교의 앤드루 로우(Andrew Rowe)는 "실패 확률이 높은 기술이지만 잠재력이 엄청날 뿐더러, 현재의 기술적 목표가 아주 높은 것은 아니다"라고 이야기한다.

다른 방식의 새로운 냉각 기술도 연구 중이다. 텍사스 주 오스틴에 있는 쉬택(Sheetak) 사는 냉매가 전혀 필요없고, 전기가 가해지면 한쪽 면은 더워지고 반대쪽 면은 차가워지는 성질을 갖고 있는, 이른바 열전자 물질을 이용한 냉각 장치를 개발 중이다. 이들 기술은 모두 더 적은 연료를 소모하므로 지구 온난화를 덜 일으킨다.

– 찰스 초이(Charles Q. Choi)

청정 석탄

석탄은 미국에서 가장 저렴하면서 가장 풍부하고, 동시에 탄소가 가장 많이 함유되어 있어 기후 변화에 영향을 크게 미치는 에너지원이다. 엔지니어들의 노력 덕택에 발전소에서 이산화탄소가 대기 중으로 방출되기 전에 포획하는 기술이 개발되긴 했지만, 이 기술은 석탄을 태워서 얻는 에너지의 30퍼센트 가까이를 소모한다. 결국 전기 생산 단가가 두 배 가까이 올라 거의 보급되지 못하고 있다.

그러나 개념 자체는 매우 매력적이어서, 미국 에너지부의 첨단에너지연구청(Advanced Research Projects Agency–Energy)은 다른 정부 기관과 함께 이 기술의 에너지 효율을 높이는 연구에 자금을 지원하고 있다.

주목을 끄는 방법 중의 하나는 노트르담대학교 에너지센터에서 개발한 것으로, 이온 액체(소금의 한 종류라고 할 수 있다)라는 새로운 물질을 사용한다. 이 기술의 가장 큰 장점은 다른 탄소 흡수 기술에 비해 이산화탄소를 두 배 더 흡수한다는 데 있다. 또 다른 장점은 이 과정에서 소금이 고체에서 액체로 바뀐다는 것이다. 그러면서 열이 방출되는데, 이 열을 재활용하여 액체에서 탄소를 분리해서 처리할 수 있다.

1-2

에너지센터장이자 화학 엔지니어인 존 브레넥케(Joan F. Brennecke)에 따르면 "이론적으로 현재의 기술로도 기생 에너지를 22퍼센트에서 23퍼센트 수준까지 줄일 수 있다"고 한다. "궁극적으로는 15퍼센트 수준으로 낮추는 것이 목표입니다." 연구팀은 이 기술의 타당성을 보여주는 시제품 장치를 개발 중이다.

아직까지는 그저 이론적인 접근으로만 보이는 것도 사실이다. 브레넥케도 "아주 혁신적인 아이디어니까요"라고 하며 이를 인정했다. "왜냐하면 여기에 쓰이는 소재들은 모두 (2009년에 발견된) 아주 새로운 것들이거든요." 연구팀은 이제 연구를 시작한 단계이고, 예상치 못했던 문제가 언제라도 터질 수 있다. 설령 연구실에서는 성공적이라고 해도 이 기술을 실제로 발전소 규모로 확대하는 것이 불가능할 수도 있다.

게다가 탄소를 성공적으로 분리해낸다 해도, 이 탄소를 어딘가에는 저장해야 한다. 과학자들은 구멍이 많은 바위들로 이루어진 지역의 지하에 탄소를 주입해서 격리하는 것(현장 실험까지 마쳤다)이 가장 바람직하다고 하지만, 실제로 이 기술을 대규모로 적용했을 때 어떤 결과가 나타날지 확신하기는 어렵다.

아직 실험적 단계의 또 다른 기술은 이산화탄소를 규산염과 혼합해서, 이산화탄소가 암석에 포함되는 자연적 형태인 탄산염암을 만들어내 이산화탄소를 비활성 상태로 만드는 것이다.

석탄에는 채굴 과정에서 환경과 건강에 미치는 영향, 독성이 있는 재를 처리하는 문제도 있다. 이런 문제들로 인해 환경주의자들은 '청정 석탄'이라는 말만 들어도 눈을 부릅뜬다. 그러나 아직까지도 석탄은 가장 값싸면서도 풍부한 에너지원이기 때문에 이런 새로운 기술이 개발에 성공하기만 한다면 아주 효과적으로 기후 변화에 대처할 수 있을 것이다.

– 마이클 레모닉(Michael Lemonick)

1-3 진퇴양난 : 물과 에너지의 대결

마이클 웨버

2008년 6월, 플로리다 주는 조지아 주에 있는 저수지에서 조지아 주와 앨러배마 주의 경계를 따라 플로리다 주로 흐르는 애팔래치아 강으로 유입되는 수량을 줄이겠다는 육군 공병대의 계획에 반발해 육군 공병대를 상대로 소송을 제기하겠다는, 통상적이지 않은 발표를 했다. 플로리다 주는 수량이 줄어들면 일부 동식물의 생존이 위협받게 될 것을 우려했다. 앨러배마 주도 다른 동식물의 생존을 이유로 이 계획에 반대했다. 원자력발전소는 원자로의 열을 식히는 데 엄청난 양의 물이 필요하므로 보통 강이나 호수에서 물을 끌어다 쓴다. 줄어든 수량 때문에 앨러배마 주 도선(Dothan) 근처에 위치한 팔리(Farley) 원자력 발전소를 폐쇄해야 할지도 모른다는 우려가 팽배했다.

조지아 주가 수량을 확보하려 한 데는 타당한 이유가 있었다. 1년 전에 가뭄 때문에 강의 수위가 낮아져서 원자력 발전소 몇 곳을 가동 중지해야 했기 때문이다. 2008년 1월에는 상황이 아주 안 좋아서, 조지아 주의회 의원 중 한 명은 테네시 주와의 경계선을 1마일 북쪽으로 옮겨서 테네시 주의 물을 끌어다 쓸 수 있도록 해야 한다는 주장을 하기도 했다. 그는 그 근거로 최초에 주 경계를 정하는 데 쓰인, 1818년에 이루어졌던 측량이 잘못되었다는 이야기를 제시했다. 2008년 내내 조지아, 앨러배마, 플로리다 주 사이에 밀고 당기기가 계속되었다. 연방의회의 결정에 따라 수자원을 관리하던 육군 공병대는 이러지도 저러지도 못했다. 가뭄은 여러 이유 중 하나일 뿐이었다. 특히 애틀랜타를 중심으로 빠르게 증가하는 인구와 과도한 개발, 전혀 적절하게 이루어지지 못한 수자원 개발 때문에 이 지역의 강물은 빠르게 줄어들고 있는 상태였다.

물과 에너지는 현대 문명의 기초를 이루는 요소라고 할 수 있다. 사람은 물이 없으면 살 수 없다. 에너지가 없다면 식량을 생산할 수 없고, 컴퓨터를 동작시키거나 가정, 학교, 사무실에서 전기를 이용할 수도 없다. 전 세계의 인구가 지속적으로 증가하는 동시에 생활 수준이 상승함에 따라 이 두 가지 자원에 대한 수요는 그 어느 때보다도 빠르게 증가하고 있다.

그런데 이들 중 어느 한쪽이 다른 쪽에 문제를 일으킬 것이라는 사실은 놀라울 정도로 과소평가되고 있다. 에너지를 생산하는 데는 엄청난 양의 물이 필요하고, 물을 운반하는 데도 엄청난 양의 에너지가 필요하다. 많은 사람들이 석유 가격이 치솟는 상황을 우려한다. 반면 물 가격이 오르는 것에 대한 우려를 하는 사람은 소수다. 그러나 둘 사이에 얽힌 문제에 대해 우려하는 목소리는 거의 찾아보기 어렵다. 물이 부족하면 더 많은 에너지를 생산하기도, 특히 에너지 가격의 상승 같은 문제를 해결하기도 힘들어지고, 결과적으로 더 많은 양의 깨끗한 물을 공급하기가 어려워진다.

이런 모순은 우리 주변에서 어렵지 않게 찾아볼 수 있다. 2008년 노스캐롤라이나 주 샬롯 근처의 노먼 호(Lake Norman)의 수위가 93.7피트까지 내려갔는데, 이는 듀크에너지(Duke Energy)의 맥과이어 원자력발전소가 운용되는 데 필요한 최소 수위에 30센티미터 이하까지 다가간 수준이었다. 라스베이거스 외곽에 있는 미드 호의 물은 콜로라도 강에서 유입되는데, 최근의 수위는 과거의 평균보다 100피트나 낮을 때도 많다. 수위가 50피트 더 떨어진다면 라스베이거스 시는 물을 제한 공급해야만 할 것이고, 이 호수에 연결된 후버댐에 있는 거대한 수력 발전용 터빈은 전기를 거의 생산하지 못하게 될 가능성이 높다. 그렇게 되면 사막에 세워진 이 거대한 도시는 암흑을 맞이하게 될 것이다.

국립지질연구소의 연구원 그레고리 맥카베(Gregory J. McCabe)는 이 문제를 의회에 지속적으로 알리고 있다. 그는 기후 변화로 인해 남서부 지역의 평균 기온이 화씨 1.5도만 상승해도 콜로라도 강이 네바다 주와 인근 6개 주, 그리고 후버댐의 물 수요를 감당할 수 없을 것이라고 주장한다. 올해 초, 캘리포니아 주 라호야에 있는 스크립스연구소(Scripps Institution)의 과학자들은 기후 변화가 지금처럼 계속되고 물 사용이 적절히 제한되지 않는다면 미드 호가 2021년이면 말라버릴 수 있다고 경고했다.

이와는 반대로 식수가 절대적으로 부족한 샌디에이고 시는 해안에 담수화 시설을 설치하고자 하지만 지역 환경단체들은 이 시설이 엄청난 에너지를 필요로 하기 때문에 에너지 부족 사태에 직면할 것이라고 주장하며 건설에 반대하고 있다. 런던 시장도 2006년에 같은 이유로 담수화 설비 계획을 거부했으나 후임 시장이 이 계획을 다시 살려냈다.* 우루과이의 도시들은 저수지에 있는 물을 식수로 쓸 것인지, 발전용수로 쓸 것인지를 선택해야 하

* 이 후임 시장이 영국의 EU 탈퇴를 주도한 정치인 중 한 명인 보리스 존슨임.

는 처지다. 사우디아라비아는 석유를 외국에 판매하는 것이 나은지, 아니면 자기 나라에 부족한 것을 만들어내는 데 쓸지를 결정해야 한다. 바로 물이다.

발전소를 건설하면 물 공급에 문제가 생긴다는 사실을 분명히 알 필요가 있다. 또한 추가적인 에너지의 소모 없이 더 많은 정수 시설과 수도 공급 시설을 건설할 수도 없다. 이런 모순적 상황을 타개하려면 에너지와 수자원 문제를 전체적으로 다루는 국가 정책과, 다른 한쪽의 수급에 영향을 미치지 않는 혁신적 기술이 있어야 한다.

악순환

지구상에 존재하는 담수의 양은 약 800만 입방마일로, 인류가 1년에 쓰는 양의 수만 배에 달한다. 안타깝게도 그 대부분은 지하수와 만년설, 빙하다. 강이나 호수처럼 손쉽게 쓸 수 있고 다시 채워지는 형태로 존재하는 물의 양은 극히 일부에 불과하다.

게다가 손쉽게 접근이 가능한 물도 깨끗하지 않거나, 인구 밀집 지역에서 멀리 떨어진 곳에 있는 경우가 많다. 애리조나 주의 피닉스 시는 상당량의 물을 336마일에 걸친 수도관을 통해서 공급받는다. 물론 콜로라도 강에서 끌어오는 것이다. 도시에 공급되는 물은 종종 공장 폐수, 농업 폐수, 하수로 오염된다. 세계보건기구(WHO)에 따르면 대략 24억 명의 인구가 물 공급에 심각한 문제가 있는 환경에서 살고 있다. 이를 해결하려면 물을 먼 곳에서 가져오거나 오염된 물을 근처에서 정수하는 방법이 필요하다. 하지만 두 방법 모두

에너지 소모가 많고, 결과적으로 물값이 비싸진다.

미국 전국적으로 볼 때 물을 가장 많이 사용하는 분야는 농업과 발전소다. 미국에서 생산되는 전기의 90퍼센트 이상이 석탄, 석유, 천연가스나 우라늄을 써서 열을 내는 발전소에서 만들어진다. 이런 발전소는 물먹는 하마나 마찬가지다. 발전소에서 냉각용으로 쓰이는 물만으로도 나머지 분야에 공급될 물의 양이 영향을 받는다. 물론 이렇게 쓰인 물의 상당 부분은 남아 있지만(일부는 증발한다), 이미 온도가 올라간 상태이기 때문에 생태계의 관점에서 보면 원래의 물과는 다른, 생태계를 위협하는 존재가 된다. 이런 폐수를 처리해야 하는지 아닌지는 여전히 논쟁거리다. 대법원은 발전소가 해당 지역의 물 공급과 수중 생태계에 미치는 영향을 최소화하도록 요구한 환경청의 규정과 관련된 다양한 사안에 대한 재판을 진행할 예정이다.

또한 물을 처리하고 때론 먼 거리에 전달하는 데도 많은 양의 에너지가 사용되고 있다. 두 산맥에서 건조한 해안 도시로 눈 녹은 물을 보내는 캘리포니아 송수관은 캘리포니아 주에서 전기를 가장 많이 소비하는 시설이다. 수도꼭지만 틀어도 물이 나오게 하려면 점점 더 먼 곳에서 깊이 땅을 파야만 한다. 인구는 많으면서 수자원은 멀리 떨어져 있는 국가들에서는 쉽지 않은 거대 프로젝트를 구상 중이다. 중국에서는 물이 풍부한 남부의 세 개의 강 사이 분지에서 물이 부족한 북부로 물을 보내기 위해 수천 마일에 달하는 송수관을 건설하려고 한다. 석유와 천연가스 사업으로 거부가 된 분 피켄스(T. Boone Pickens) 같은 투자자들이 이제는 텍사스 주를 가로지르는 송수관 건설 같은 수자원 분야로 눈을 돌리고 있다. 엘파소 같은 도시는 염분이 있는 대수층(帶水層) 위에 담수화 설비를 건설하려 하고 있는데, 여기에는 많은 에너지와 자금이 필요하다.

한 가지 덧붙이자면 지방자치단체들은 공급받는 물과 배출하는 하수를 정수해야 하는데, 이것에만도 전국 전기 소비량의 3퍼센트가 쓰인다. 또한 위생 관련 기준은 갈수록 엄격해지는 경향이 있어 같은 양의 물을 처리하는 데 들어가는 에너지의 양도 따라서 증가하게 된다.

수입 석유에서 국내의 물로

자원을 둘러싼 선택은 지역 단위, 특히 남서부의 사막 지대처럼 사방이 땅이거나, 지형적으로 물에 둘러싸여 고립된 곳에서는 힘든 일이다. 도시의 경우 외부에서 담수를 공급받는 것과, 도시 지하의 깊은 대수층의 소금기 있는 물을 담수로 만들기 위한 전기를 공급받는 것 중에서 어느 쪽이 현명한 선택일까? 아예 주민들을 물이 있는 곳으로 이주시키는 것이 더 나은 것은 아닐까? 에너지가 무한정 공급된다면 물 공급에는 아무런 문제가 없겠지만, 설령 예산을 무제한으로 쓸 수 있다고 해도 정책 입안자들은 탄소 배출을 줄여야 한다는 압력을 받을 수밖에 없다. 또한 기후 변화로 인해 가뭄, 홍수, 강우 주기가 달라질 가능성도 배제할 수 없기 때문에, 물을 확보하기 위해 더 많은 에너지를 소모하는 방식은 매우 위험한 발상이다. 특히 미국 정부가 석유 수입 의존도를 낮추는 것이 에너지 문제와 안보 문제를 해결하는 최선의 방법이라는 결론을 내렸다는 사실을 고려하면 더욱 그렇다. 정부의 이런 시각은 2007년에 제정된 「에너지 독립과 안보에 관한 법률」을 비롯한 여러 법률에 잘 나타나고 있다. 석유 소비(탄소 배출도)의 많은 부분이 교통 부문에서 이루어지고 있기 때문에 정책 입안자, 기업가, 기술 개발자들은 이 분야에 관심을 집중하고 있다. 휘발유 엔진을 대체하는 가장 유력한 방법으로는 전기 자동차와 바이오연료가 제시되고 있다. 두 방법 모두 장점이 있지만, 두 가지 모두 현재의 시스템보다 훨씬 많은 물을 소비한다.

전기 자동차는 배출 가스를 수백만 대의 차량 배기관이 아니라 1,500곳의 발전소에서 관리하면 된다는 점 때문에 아주 매력적으로 보인다. 게다가 전력을 생산하는 기반시설이 이미 갖추어져 있기도 하다. 하지만 전력 생산에도 물이 필요하다. 텍사스주립대학교 오스틴 캠퍼스의 연구에 따르면 자동차용 휘발유를 생산하는 것과 비교해서 플러그인 하이브리드 자동차나 전기 자동차에 필요한 전기를 생산하는 데는 10배, 주행거리당 세 배에 가까운 양의 물이 필요하다고 한다.

바이오연료는 더 심하다. 최근의 연구에 따르면 바이오연료용 농작물을 키우는 것에서부터 자동차에 바이오연료로 투입되는 전체 과정에 투입되는 물의 양은 휘발유 자동차가 주행거리 1마일당 소비하는 물의 양의 20배가 넘는다. 미국의 자동차 연간 총 주행거리가 2.7조 마일이라는 점을 고려한다면 물 공급이 중요한 문제가 된다는 사실을 쉽게 알 수 있다. 바이오연료 산업이 활성화되고 있는 것과 맞물려서 지방자치단체들은 이미 물 공급에 어려움을 겪고 있다. 일리노이 주의 샴페인과 어바나 주민들은 에탄올 공장이 연간 1억 갤런의 에탄올을 생산하기 위해 하루에 200만 갤런의 물을 끌어다 쓰려는 시도에 반대했다. 목장의 우물이 말라가기 시작하면 주민들의 반대는 더욱 거세질 것이다.

휘발유를 전기나 바이오연료로 대체하겠다는 모든 시도는, 이런 계획의 지지자들이 이해하고 있건 아니건, 결국 국가적으로 수입 에너지에 대한 의존을 국내에서 공급되는 물로 바꾸겠다는 전략적 결정일 수밖에 없다. 당장 에너지 소비를 줄이는 것보다는 이 편이 더 끌리는 선택이겠지만, 그러기에 충분한 물이 확보되어 있는지부터 생각해볼 필요가 있다.

새로운 시각의 필요성

미국, 혹은 전 세계가 어떤 에너지원을 선호하건, 생명체에게 훨씬 직접적이기도 하거니와 대체 불가능하다는 점에서 물이 궁극적으로 석유보다 훨씬 중요한 자원이다. 그리고 물이 저렴한 시대는 이제 끝나가고 있다. 이는 충분히 위기 상황이라고 할 만하지만, 아직 대중은 상황의 심각성을 깨닫지 못하고 있다.

석유 가격 상승으로 인한 자원 전쟁이나 대규모 공황과 같은 끔찍한 상황부터 그로 인한 새로운 기술 개발에 이르는 긍정적 변화에 이르기까지의 다양한 결과에 대해서는 이제 널리 알려져 있다. 공급 부족과 치솟는 가격은 이제 석유 가격이 최고점을 찍었다고 믿는 사람들조차도 가격에 대해서 확신하지 못하게 만들고 있다. 결국 정책 당국과 시장은 석유를 대체하기 위한 새로운 방법을 찾기 시작했다.

물 문제, 바람직하게는 두 가지 문제를 동시에 해결하려면 어떻게 해야 할까? 앞으로 석유 생산량이 감소하고 물 수요는 증가할 것이라는 예측을 바탕으로 본다면 상황은 결코 쉽지 않다. 물 생산에 점점 더 많은 에너지가 필요하기 때문에, 더 깊은 대수층에서 물을 퍼올리고 더 멀리까지 물을 보내려면 결국 화석 연료에 의존하지 않을 수 없다. 석유 생산에 문제가 생기면 물 공급에도 문제가 생기는 구조인 것이다. 석유 공급에 문제가 생기면 생활이 불편해지지만, 물 공급에 문제가 생긴다면 훨씬 심각한 결과가 초래된다. 이미 전 세계적으로 수백만 명의 인구가 신선한 물을 공급받지 못해 죽어가고 있으며, 상황에 따라서는 10배 이상의 속도로 증가할 수도 있다.

어쩌면 이정표가 될 만한 사건이 사회적 공감대를 형성하게 될지도 모른다. 캔사스 주는 수자원 사용을 둘러싼 소송에서 미주리 주에 패했는데, 이로 인해 결과적으로 캔사스 주의 농부들은 새로운 농작물 재배 방법을 찾아냈다.

한편 물 배급이 시행되면 물에 대한 사회적 인식이 크게 바뀔 수 있으며, 이미 그런 상황이 벌어지고 있다. 필자의 고향인 텍사스 주 오스틴에서는 이미 가정의 마당에 뿌리는 물에 대해 엄격한 규제를 가하고 있다. 기록적으로 낮은 적설량을 보인 캘리포니아 주는 각 자치단체에 수자원 보호와 더불어 마치 1970년대의 휘발유 제한 공급을 떠올리게 하는, 물 제한 공급을 실시하도록 했다.

아마도 머지않은 미래에 사람들은 검은 금(석유)을 태워서 만들어낸 값비싼 물을 마당 잔디에 주말마다 아낌없이 뿌려대던 오늘날을 향수에 잠겨 돌아보게 될 것이다. 또한 우리의 2세와 3세들은 부모와 조부모 세대가 왜 그렇게 멍청하게 살았는지 좀처럼 이해하기 힘들 것이다.

강제 해결책

물과 석유의 관계는 골치 아프긴 하지만 동시에 기회를 제공하기도 한다. 결코 풀 수 없는 문제가 아니다. 첫 단계는 미국의 정책 결정 과정을 통합하는 것이다. 물과 석유 자원은 서로 독립적이고, 에너지와 수자원 정책이 별개의 자금과 관리 체계에 따라 별도로 이루어지고 있긴 하지만, 정부가 전체적으로 관리하고 있는 것도 사실이다. 수자원 관리를 맡은 쪽에서 자신들이 필요한 에너지를 얼마든지 조달할 수 있다고 생각하고, 에너지 관리를 맡은 쪽에서는 물을 원하는 만큼 공급받을 수 있다고 여기게 놓아두기보다는, 두 주체가 함께 모여서 결정을 내리도록 해야 한다.

연방정부에 에너지부가 존재한 지는 오래되었지만 수자원부는 없다. 환경보호국(Environment Protection Agency, EPA)이 수질 관리를 담당하고, 지질조사국(U.S. Geological Survey, USGS)이 물 공급과 관련 자료를 수집하고 감시하고 있지만, 수자원이 효율적으로 사용되도록 책임을 지고 있는 부서는 없다. 의회는 내무부* 산하에(물은 중요한 자원이므로), 혹은 상무부 산하에(물의 경제적 역할을 고려할 때)

*미국 내무부는 천연자원의 보존과 개발을 담당하는 부서임.

수자원 관리를 총괄할 단일 조직을 만들어야 한다. 역사적으로 볼 때 수자원이 해당 지역에서 조달되는 자원이었던 것도 수자원 관리에 관한 사항 대부분이 주나 자치단체에 맡겨져 있는 원인 중 하나다. 하지만 대수층, 하천, 수역이 여러 도시나 주에 걸쳐 있는 경우에는 각 자치단체에서 추진하는 정책은 실패로 이어지기 십상이다. 어느 도시가 이웃 도시의 물을 마음대로 가져다 쓴다면 어떻게 되겠는가?

에너지와 수자원을 관리하는 연방 기관들은 통합된 정책을 만들어내야 한다. 예를 들어, 현재는 발전소를 증설하고자 할 때 신설되는 발전소가 환경보호국의 대기오염 기준을 충족한다는 것을 입증해야 한다. 마찬가지로 새로 설치되는 부서에서는 물 사용 기준을 충족시키도록 요구할 필요가 있다. 에너지 계획 입안자들은 함께 모여서 물 사용 허가권을 발급하는 것에 대해서 논의하고, 늘어나는 전력 소비량에 대한 대책을 세워야 한다. 발전소 입지 선정과 허가 과정에 수자원 전문가가 참여해서 물 부족 우려는 없는지에 대해서 의견을 개진할 필요도 있다. 이런 과정은 서로 협력을 통해서 어렵지 않게 이루어질 수 있는 것들이다.

기후 변화와 관련한 규제도 같은 방식으로 이루어져야 한다. 2008년, 대도시수도국협회(Association of Metropolitan Water Agencies)의 부회장 마이클 아르세노(Michael Arceneaux)는 당시 의회에서 진행 중이던 탄소총량제와 탄소거래제 관련 법안 논의와 관련해서, 해당 법안들이 시행되면 현재는 전혀 고려되지 않고 있는 물 공급에 문제가 생길 가능성이 높다는 점을 알리기 위해

의회를 상대로 1인 시위를 하기도 했다.

미국 정부 부처 간에 정책 협력이 긴밀해지면, 국가적 물 소비를 줄여주는 혁신적 기술이 나타날 가능성이 높아진다. 시작은 농업 부문에서부터 이루어져야 한다. 지금처럼 농지에 물을 뿌려서 물 대부분이 증발해 버리는 방식이 아니라 점적 관개(drip irrigation) 방식을 이용하면 물 필요량이 훨씬 줄어들고 작물의 뿌리에 물을 직접 공급할 수 있다. 콜로라도 강 동쪽의 고원 지대에서는 점적 관개 방식으로 전환하는 것이 훨씬 유리하다. 이 지역 농장의 대부분은 미국 최대의 대수층인 오갈랄라 대수층에서 물을 끌어쓰고 있으며, 이곳의 물은 강수량과 유입량을 훨씬 웃도는 매년 150억 입방야드의 속도로 줄어들고 있다. 현재 이 지역에서 사용되는 물의 94퍼센트가 관개에 사용되고 있다.

발전소의 냉각 방식을 수냉식에서 공냉식으로, 혹은 공냉-수냉 혼합식으로 바꾼다면 발전소에서 사용되는 물의 양을 획기적으로 감소시킬 수 있다. 공냉 방식은 더 비싸고 효율이 낮긴 하지만, 물을 사실상 거의 사용하지 않는다.

도시와 산업체에서 발생하는 폐수를 재활용하는 것도 이 폐수를 운반하는 데 드는 에너지를 줄이는 데 효과적이다. 많은 사람들이 "화장실에서 사용된 폐수를 정수해서 수돗물로 이용"하는 개념에 거부감을 갖지만, 우주 정거장에 있는 우주인과 싱가포르의 주민들은 이미 아무런 문제 없이 이런 식으로 만들어진 물을 마시고 있다. 이 방식이 널리 받아들여지긴 어렵다고 하더라도, 자치단체들이 정수된 폐수를 농업용과 산업용, 특히 발전소 냉각용으로 사용하는 데는 아무런 문제가 없다.

1-3

공학 기술의 진보도 수자원 관리에 들어가는 에너지 소모를 크게 줄여준다. 뉴욕 주 스토니브룩에 있는 스토니브룩 정수소에서는 보다 효율적으로 폐수를 걸러내고 염분을 제거하는 첨단 막을 개발 중이다. 누군가 최소한의 에너지로 정수하는 방법을 개발한다면 손쉽게 세계 최고의 부자가 될 수 있을 것이다.

지능형 모니터를 이용하면 가정과 상업 시설에서 배출되는 폐수를 줄일 수 있다. 미국에선 한낮의 뜨거운 햇볕 아래(증발 효과가 최대 수준이고 물 공급 효과는 최저인)와, 한창 비가 쏟아지고 있는데도 스프링클러가 최고 출력으로 잔디밭에 물을 뿜는 장면을 어렵지 않게 볼 수 있다. 오스틴에 있는 아쿠워터(Accuwater) 사는 센서와 소프트웨어, 인터넷을 이용해서 실시간 기상 정보를 바탕으로 급수량을 조절하는 시스템을 개발했다.

가정에서도 태양열을 이용해 물을 데우면 에너지가 많이 절감된다. 이 방법은 가격도 싸고, 고장날 염려도 별로 없으며, 입증된 기술로 충분히 경쟁력이 있다. 그러나 이 방법은 그다지 최신 기술로 보이지 않는 데다 연방정부의 보조도 별로 없어서 아직까지 많이 확산되고 있지는 못하다.

어쩌면 사회적 선택이 필요할 수도 있다. 에너지와 물을 절약한다는 것은 옥수수로 만드는 에탄올 사용을 포기해야 한다는 의미다.

무엇보다 중요한 것은 물의 소중함을 깨달아야 한다는 점이다. 물이 값싸고 흔한 자원이라는 오래된 생각에서 벗어나야 한다. 물이 중요한 자원이라는 것을 인정한다면 그에 상응한 가격이 매겨져야 한다. 그렇지 않다면 물을 아껴야 한다는 목소리는 공허한 외침이 될 뿐이다.

물값이 제대로 매겨지기만 한다면, 미국 정부와 국민들은 물의 가격이 에너지 가격을 얼마나 상승시키고, 에너지 가격이 물값을 얼마나 올리는지 피부로 느끼게 될 것이다. 그러면 비로소 이 소중한 두 가지 자원을 동시에 보존할 수 있는 효과적인 방법을 찾겠다는 모순적 문제가 드러나게 될 것이다.

1-4 중국의 에너지 역설

데이비드 비엘로

충칭 – 중국은 2008년에 미국을 누르고 온실가스를 가장 많이 배출하는 국가가 되었다. 대부분은 석탄 때문이다. 중국에서 석탄은 산업용 보일러에서 가정용 난로에 이르기까지 어디에나 쓰이고, 전기의 75퍼센트가 석탄을 이용해서 만들어진다. 매년 4,000명이 넘는 광부가 중국 내륙에서 석탄을 캐다가 사망한다. 중국이 석탄에 의존하기 때문에 일어나는 일 중에서 가장 눈에 띄는 것은 공기다. 스모그가 도시를 뒤덮어서 희뿌연 공기 사이에 푸른 하늘이 보일 틈이 없다. 오염이 점점 심해지면서 우주에서도 관측되는 황갈색 구름이 형성되고, 이 구름은 일주일이면 태평양을 건너서 미국 서부 공기 오염의 15퍼센트를 유발한다.

희뿌연 공기 때문에 중국에서 생산되는 오토바이와 다양한 산업용품의 최대 생산지인 양쯔강변에 위치한 충칭에서는 사실상 수평선이 보이지 않는다. 마치 미국의 러스트벨트가* 압축되어 3,000만이 넘는 인구가 뉴욕 시 두 배 정도의 면적에 살고 있는 "중국의 화로"로** 통째로 옮겨진 듯하다.

충칭에서는 남녀노소 할 것 없이 폐에 해로운 숯검댕이가 가득한 공기와 연기를 들이마신다. 세계은행은 중국 전체적으로 호흡기 관련 질환으로 인한 비용이 연간 1,000억 달러에 이를 것으로 추산한

*Rust Belt, 미국 북동부의 공업지대로 제조업의 쇠퇴로 몰락한 지역.

**충칭이 중국에서 가장 더운 곳으로 손꼽혀서 붙은 이름.

다. 게다가 컬럼비아대학교의 프레데리카 페레라(Frederica P. Perera)가 중국 연구진과 함께 연구한 바에 따르면 오염된 공기가 중국 청소년의 성장을 실제로 방해하고 있다고 한다.

중국에서 석탄은 수백 년 전부터 이용되기 시작했다. 중국은 현재 해마다 25억 톤의 석탄을 소비하는데(미국의 두 배가 넘는다) 국내 생산량이 상당함에도 수입량이 계속 늘고 있다. 중국 국가전력감관위원회에 따르면 2007년 중국 내 571곳의 석탄 화력 발전소에서 55만 4,420메가와트의 전기가 생산되었는데, 이는 얼추 대형 원자로 550기에서 생산되는 전력량과 맞먹는 수준이다. 중국은 13억의 인구와 더불어 주로 미국과 유럽에 판매할 저가의 공산품을 생산하는 거대한 산업 수요를 충당하기 위해 매주 평균 한 개 꼴로 석탄 화력 발전소를 건설하고 있다.

오염이 아주 심한 상태이긴 하지만, 중국도 오염 문제에 상당히 적극적으로 대처하고 있다. 향후 5년간 오염 물질을 10퍼센트 감소시킬 계획을 갖고 있다. 뒤에서 설명하겠지만, 이런 노력의 일환으로 탄소를 발생시키지 않는 도시를 건설하고, 재생 가능 에너지의 보급을 확대하려 하고 있다. 그러나 기본적인 대책은 효율이 낮은 소형 석탄 화력 발전소를 폐쇄하고 보다 효율이 높은 대형 발전소를 건설하는 것이다. 그린피스 베이징 사무소의 사라 량(Sarah Liang)은 "소형 발전소의 폐쇄는 공기 질 개선에 아주 효과적"이라고 이야기한다. 하지만 대형 발전소도 여전히 엄청난 양의 오염 물질을 배출한다.

1-4

청정 세대

공기 중의 숯검댕이 양이 엄청나긴 하지만 중국인 1인당 평균 온실가스 배출량은 미국인보다 낮다. 하지만 중국의 엄청난 인구 때문에 전체 배출량은 막대하고, 더구나 중국은 오염을 줄이는 어떤 종류의 국제 협약에도 가입하지 않은 상태다.* 하지만 중국 정부는 그린젠(GreenGen)이라는 이름의 시범 발전소에서 석탄을 태울 때 발생하는 이산화탄소를 포집하고 저장하는 시험 프로젝트를 시작했다.

*2016년 9월 중국과 미국이 비로소 파리 기후변화협약에 서명했음.

서해에 접한 항구 도시 톈진에서 실시되는 이 프로젝트는 3단계로 이루어진다. 첫 단계에서는 전력 회사와 석탄 회사의 콘소시엄이 소위 석탄 가스화 복합 발전소를 건설한다. 이 방식의 발전소에서는 석탄이 가스로 변환되고, 가스를 태우기 전에 오염 물질을 제거한다. 이 기술을 이용하면 산성비를 유발하는 이산화황 배출을 90퍼센트 이상, 스모그의 원인이 되는 질소산화물을 75퍼센트까지 줄일 수 있다. 또한 2015년까지는 80퍼센트 이상의 이산화탄소를 포집해서 폐쇄된 유정에 투입할 예정이다.

10억 달러짜리 그린젠 발전소는 미국 정부가 일리노이 주 마툰(Mattoon)에 이와 유사한 시범 발전소를 건설하는 퓨처젠(FutureGen) 계획을 치솟는 건설비 때문에 취소한 이후 세계적으로 가장 앞서가는 청정 석탄 프로젝트가 되었다. 유엔 기후변화에 관한 정부간 패널(IPCC), 조지 W. 부시 미국 대통령을 포함한 G8 국가의 정상들이 기후 변화의 영향을 막기 위해서는 청정 석탄 기술의 개발이 반드시 필요하다고 선언했음에도 불구하고 이 발전소 건설 취소를 막을 수는 없었다.

그린젠은 완성되면 최대 250메가와트의 전기를 생산할 예정이지만 우려되는 점 또한 있다. 하버드대학교 케네디행정대학원의 에너지 기술 전문가인 켈리 심스 갤러거(Kelly Sims Gallagher)는 "이산화탄소를 포집해 보관한다고 해서 딱히 좋아지는 건 없다"고 지적한다. 그녀는 "연구를 통해서 경험을 쌓는다는 점에서는 그린젠이 가치가 있지만, 경제적 측면에서는 전혀 이점이 없다"고 덧붙인다. 왜냐하면 석탄을 가스 형태로 바꾸고 이산화탄소를 포집하는 과정에서 에너지가 추가로 필요하므로, 결과적으로 같은 양의 전기를 생산하려면 더 많은 석탄을 때야 하기 때문이다.

그린젠은 상업용 발전소이므로, 이를 운용함으로써 발생하는 경제적 이익과 손실에 따라 존재 이유가 결정된다. 여기서 포집된 이산화탄소 처리 방법으로 거론되는 것 중 한 가지는 이를 경제성이 떨어진 유전에 주입해서 석유를 더 채취하는 것이다. 그린젠의 공동 소유자인 미국의 석탄 대기업 피버디(Peabody)의 수석 부사장인 빅 스벡(Vic Svec)은 석유 가격이 아주 비싼 상황에서라면 이런 접근이 "석탄이 풍부한 국가로서는 경제적으로 타당하고 가치 있는" 방법이라고 주장한다.

보다 효과적인 정책을

충칭 시의 주민들도 중국 정부가 언론사나 해외 관광객들을 의식해서 베이징

올림픽이 열리기 전까지 공장들을 교외로 이전하고, 소규모의 비효율적인 석탄 발전소를 폐쇄함에 따라 가끔이나마 맑은 하늘을 볼 가능성이 생겼다. 충칭에서 나고 자란 지방정부 관리 데이비드 리(David Lee)는 "어렸을 때는 하늘이 푸른색이었는데 이젠 밤에 별을 볼 수가 없어요"라고 투덜댔다. "올해는 푸른 하늘과 별이 보입니다. 굉장히 많이 좋아졌다고 생각해요."

하지만 공기에서 여전히 냄새가 나고 숨을 쉬면 가슴이 답답해지는 수준이다. 수평선은 여전히 보이지 않는다. 대기 청정 관련 법률을 공공연히 어기는 회사들과 법 집행의 의지 부족이 주범으로 지목된다. 공장과 발전소에서는 공무원들이 점검을 나올 때만 오염 제어 장비를 가동하고, 이들이 떠나면 꺼버린다. 리는 "정부에서 매일 감시를 할 수는 없어요"라고 말한다. 하지만 당국이 "정말 푸른 하늘을 보기를 원한다면 환경 관련 법률을 확실하게 적용해야 한다"고 중국 재생가능에너지산업협회 사무총장 리쥔펑은 주장한다.

중국에서 가장 인구가 많은 허난성의 정저우 같은 도시에서는 당분간 푸른 하늘을 볼 가능성이 거의 없다. 베이징처럼 잘 알려진 대도시 주변의 공장들이 덜 알려진 도시로 옮긴 덕택에 허난성의 수도인 이 도시의 대기는 온통 오염돼 있다.

석탄 사용을 금지하고 지난 10년간 170억 달러를 대기 정화에 투입했음에도 베이징에서는 여전히 스모그가 커다란 문제인데, 이는 부분적으로는 최근 들어 자동차 보급이 급증했기 때문이다. 미국의 환경단체인 자연자원보호위원회 베이징 사무소에서 프로그램 매니저로 일하는 베이징 주민 티모시 후이

(Timothy Hui)는 말한다. "공기의 맛이 쓰다는 걸 누구나 느낄 수 있어요. 다들 싫어하죠. 불평이 많아요."

일부 분석가들은 서방 국가들에게도 얼마간 책임이 있다고 주장한다. 영국에 있는 틴들(Tyndall) 기후변화연구센터에 따르면 중국에서 배출되는 온실가스의 23퍼센트는 서방으로 수출되는 제품 생산 과정에서 발생한다고 한다. 카네기멜론대학교의 연구진은 이 비율을 33퍼센트로 더 높게 보고 있다.

그렇다고 해도 중국이 유해 가스 배출을 줄여야 할 당위성과 전 세계 기후변화에 대한 책임이 사라지는 건 아니고, 중국의 산업 도시들이 얻을 것도 전혀 없다. 정저우대학교 영어학과의 왕셴셩 교수는 "지구 대기의 온도가 점차 상승하는 데는 선진국과 개발도상국 모두 책임이 있습니다. 이 문제를 해결하려면 전 세계적인 협력이 필요합니다."라고 이야기한다.

탄소 중립적 도시

르자오(日照) – 황해를 건너 한국, 일본과 마주하고 있는 이 해안 휴양 도시의 이름은 "해가 가장 먼저 떠서 비춘다"라는 뜻을 가진 오래된 시 구절인 일출선조(日出先照)에서 따온 것이다. 잔잔한 바닷바람이 부는 이 도시의 인구는 280만이 넘는다. 어쩌면 이 도시가 세계 최초로 탄소 중립적인 도시가 되겠다고 나선 것도 당연해 보인다. 탄소 중립성이란 방출한 온실가스와 제거한 온실가스의 양이 같은 상태를 가리킨다. 르자오 시는 햇빛을 이용해서 이를 달성하려고 한다.

시 환경보호국에 근무하는, 마른 체형의 키가 큰 중년의 변호사 판 창웨이는 "언제 달성할 수 있을지는 저도 잘 모르겠습니다. 하지만 그런 방향으로 나아갈 겁니다"라고 이야기했다. 유엔환경계획(UNEP)에 따르면 전 세계적으로 단 세 곳의 도시, 즉 노르웨이 아렌달, 캐나다 밴쿠버, 스웨덴 벡쇠만이 르자오 시와 동일한 목표를 갖고 있다.

UNEP 사무국장인 아힘 슈타이너(Achim Steiner)는 지난 2월, 이 야심찬 목표를 달성하기 위해서 도시, 국가, 기업이 연합해서 설립한 기후중립성네트워크 발족식에서 네 곳의 도시가 이런 노력을 기울이는 이유는 기후 변화를 완화하기 위해서만이 아니라 "녹색 경제로 전환하면서 얻을 수 있는 엄청난 경제적 기회가 많기 때문"이라고 지적했다.

주거과 사무용 건물의 다수를 차지하는 노후한 저층 건물을 철거하고 고층 건물을 건설 중인 르자오 시가 경제적 이유에 매력을 느끼는 것은 분명하다. 신축 고층 건물 거의 대부분이 연간 260일에 이르는 르자오 시의 평균 일조일을 활용해서 지붕에서 온수를 생산한다. 교외에 짓는 신축 건물의 30퍼센트도 이 기술을 이용한다. 지붕에 격자로 설치된 수도관이나, 아파트 테라스 바닥에 설치된 관에서 물이 데워지는 것이다.

르자오 시 환경국장인 왕슈강은 태양열을 이용해서 온수를 만드는 것이 르자오 시를 환경친화적으로 만드는 첫 단추라고 이야기한다. 이런 노력은 베이징 샨쉐이(山水) 호텔에 칭화대학교에서 개발한 지붕 설치형 시스템을 만든 2004년부터 시작되었다. 현재는 개선된 태양열 온수기의 가격이 190달러 정도로 전기 온수기와 가격이 거의 비슷할뿐더러 전력 소모는 훨씬 적다. "비용 절감은 아주 중요한 문제죠." 판 창웨이가 덧붙였다.

왕슈강에 따르면 두 번째 단계는 석탄의 주요 소비처인 수많은 소규모 제지, 시멘트, 철강 생산 공장들을 폐쇄하는 것이다. 식품, 가구 관련 공장들은 도시 외곽의 산업단지로 이전되었다. 석탄 화력 발전소에는 독일 지멘스(Siemens) 사가 만든 세정기가 설치되어 먼지와 이산화황을 굴뚝에서 걸러낸다.

그러나 재생 가능 에너지와 지속 가능한 과정을 통해서 '순환경제' 개념을 가장 분명하게 보여주는 곳은 이곳에 위치한 RZBC(日照金禾生化) 사다. 이 회사는 코카콜라나 펩시콜라 같은 음료수의 핵심 첨가제인 구연산을 비롯해서 다양한 식료품과 의약품을 생산한다. 공장에 있는 대형 용기에서는 미생물이 카사바나무, 옥수수, 고구마의 당분을 먹은 뒤 약한 산을 만들어낸다. 부산물은 분리되고, 액체 폐기물은 생물학적 처리 장치로 보내진 후 미생물에 의해 메탄으로 분해된다. 식물이 썩으면서 발생하는 메탄 가스인 마쉬(marsh) 가스를 연료로 사용해서 전기를 만들어내고 찌꺼기를 건조한다. 건조된 폐기물을 이용해서 만든 동물 사료와 비료는 지역 농부들에게 판매한다.

구연산 공장은 마쉬 가스를 연료로 이용하는 10개의 기업 중 한 예일 뿐이다. "순환경제를 구축하면 탄소 중립적이면서 에너지 보존, 에너지 효율에도 매우 효과적"이라고 판 창웨이가 설명했다. 르자오 시는 또한 메탄 가스를 압축해서 액체 연료로 만든 뒤 가정에 취사용 연료로 공급할 계획도 갖고 있다.

소규모의 생물학적 처리 장치가 이미 여러 마을에서 사용 중이고, 주택에서는 이로 인해 실내 공기의 질도 개선되고 있다.

이런 노력 덕분에, 르자오 시는 중국의 다른 도시들과는 달리 에너지 소비가 3분의 1 정도 줄어들면서도 경제가 성장하는 결과를 만들어냈다. 2000년에서 2005년에 이르는 동안 시의 총생산은 두 배로 늘어난 반면, 이산화탄소 배출량은 절반으로 줄어든 것이다. 시장이었던 리쟈오치엔은 산둥성의 부서기로 승진했는데, 그가 르자오 시에서 거둔 성과를 더 큰 규모로 이루기를 당국이 바랐던 것도 승진 이유 중의 하나였다. 르자오 시는 중국의 다른 모든 지역들이 – 전 세계가 마찬가지다 – 공통적으로 갖고 있는 목표인, 경제성장과 환경 개선이라는 두 마리 토끼를 모두 잡았다고 할 수 있다.

확산되는 풍력 발전, 지지부진한 태양열

베이징 – 해마다 봄이면 점점 넓어져만 가는 고비 사막에서 날아온 모래바람이 중국의 수도를 덮친다. 2007년 베이징 시는 이 바람을 이용하기로 하고 풍력 발전기 33개를 서쪽의 외곽 지역에 설치해서 공해를 유발하는 석탄 화력 발전소 수요 증가에 대처하고자 했다. 신장진펑(新疆金风) 사가 제조한 풍력 발전기는 1월부터 가동되기 시작해서 올림픽 관련 시설 전기 수요의 20퍼센트에 해당하는 30만kWh의 전기를 매일 공급하기 시작해서, 청정 올림픽 개최라는 국가적 목표의 홍보에 기여하고 있다.

재생 가능 에너지를 사용하겠다는 중국 정부의 다짐은 사실이다. 현재의

5개년계획에 따르면 풍력, 태양열, 바이오가스, 수력을 이용한 전력 생산이 2010년까지 전체 전력 생산의 10퍼센트(2005년의 7.5퍼센트에서), 2020년까지 15퍼센트가 될 전망이다. 석탄으로 인한 대기오염을 줄이려는 것만이 목적은 아니다. 이 계획은 "재생 가능 에너지의 개발과 활용은 새로운 사회주의 국가 건설에 중요하다"라고 명시하고 있다. 장쑤성, 산둥성, 광둥성, 광시성, 쓰촨성, 내몽골에서 2010년까지 가정용 에너지의 50퍼센트를 재생 가능 에너지를 이용해서 얻어내겠다는 계획이 수립되었다.

"중국은 이미 재생 가능 에너지 생산량에서 세계 최고 수준"이라고 그린피스 베이징 지부의 기후와 에너지 담당자인 류슈앙은 설명한다. 최근 국가발전개혁위원회(경제성장을 담당한 부서)는 특히 내몽골과 신장 지역에 대한 집중 투자를 통해 5기가와트였던 목표를 3년 앞당겨서 2010년까지 풍력 발전기 용량을 이보다 두 배인 10기가와트로 늘리기로 했다.

중국풍력에너지협회(Chinese Wind Energy Association, CWEA)에 따르면 현재 중국에는 풍력 발전소가 158곳 있다. CWEA의 허더신 회장은 전력 대기업인 화넝그룹, 국영 기업인 중국해양석유총공사(NOOC) 같은 기업들이 발전소 추가 건설 계획을 갖고 있다고 알려주었다.

그린피스의 사라 량은 "풍력 발전에 적합한 토지는 이미 모두 에너지 대기업 소유"라고 덧붙였다. 다른 쪽에서는 해양을 주목하고 있다. "중국의 풍력 자원은 세계에서도 가장 규모가 크고, 그중 4분의 3은 바다에 있습니다." 천연자원보호회(Natural Resources Defense Council) 베이징 사무소의 바바라

피나모어(Barbara Finamore) 소장은 지적한다. 하지만 발전기를 바다 속에 설치하는 건 위험할 수도 있다. 근래 중국 남부 지역에서 부실하게 설계된 풍력 발전기들이 태풍에 무너진 사례가 있다. 그리고 일부 업자들은 풍력 발전기를 너무 빠르게 건설한다고 CWEA의 차이펑보는 우려했다. "결국 풍력 발전의 품질이 떨어집니다."

풍력 발전의 보급이 확대되고 있긴 하지만, 풍력이 감당하는 비율은 아직 수요 전력량의 0.6퍼센트에 불과하다. 가장 낙관적인 예측을 따라도 2020년의 풍력 발전량은 전체 전력 생산량의 3퍼센트 미만일 것이다. 이 정도면 현재 0.4퍼센트인 미국의 수준보다는 높지만 이미 20퍼센트에 달하는 덴마크에 비하면 매우 낮은 수준이다. 물론 중국은 풍력 발전기와 관련 부품 생산에서 주도적 위치를 유지할 것이다. 제너럴일렉트릭이나 수즐론(Suzlon) 사가 터빈을 생산하고 있긴 하지만, 관련 부품의 70퍼센트는 중국에서 생산되고 있다.

또한 중국은 태양 전지 패널 생산량이 세계 1위다. 중국 재생가능에너지산업협회에 따르면 2007년에 200개 이상의 업체에서 1,700메가와트 용량의 패널을 생산했다. 이는 전 세계 생산량의 거의 절반을 차지하는 것이다. 그러나 생산량 대부분은 국내에서 사용하지 않는다. 이 협회의 리쥔펑은 대략 "99퍼센트는 수출됩니다. 태양 전지 패널 가격이 너무 높아서 내수 시장은 굉장히 작습니다"라고 설명한다.

이 글을 쓰는 현재, 가로등이나 베이징태양열연구소(北京市太阳能研究所) 본사 건물 옥상 등에 약 80메가와트 용량의 태양 전지 패널이 설치되어 있다.

하지만 그린피스의 류슈앙은 "전부 낭비입니다. 전혀 의미가 없어요"라고 지적한다.

수력 발전의 문제

리창 – 전설 속의 중국 고대 황제들 중 한 명인 우왕은* 양쯔강 앞에 산을 만들어 강물이 남쪽이 아니라 다른 강들과 마찬가지로 동쪽으로 흐르게 만들어서 치수에 성공하는 역사를 만들어냈다고 한다. 지금의 중국 정부도 이에 질세라 리창 시 바로 북쪽에 있는 이 오래된 강의 흐름을 바꾸어 세계 최대의 댐인 싼샤(三峡)댐을 건설하려는 대규모 프로젝트를 시작했다.

*하나라의 창시자.

300억 달러가 투입된 이 대규모 프로젝트는 2006년에 완료되어, 2만 2,500메가와트의 전력(대규모 석탄 화력 발전소 20개보다도 더 많은 생산량)을 화력 발전소와 달리 온실가스나 대기오염 물질을 발생시키지 않으면서 생산한다. 이 댐으로 인해 상류의 수위는 최대 20미터까지 올라가, 대형 선박의 운항도 가능해졌다. 또한 하류에 위치한 도시들을 1998년 1,400만 명의 이재민을 발생시킨 것 같은 홍수의 위험에서 보호해준다. 이 댐을 건설한 주요 이유 중 하나는 "물을 상류에 가두어 둠으로써 중국 동부 지역을 보호하는 것"이라고 충칭대학교 지속개발연구소 소속이면서 동시에 시 공무원인 라이훈쑨 교수는 말한다.

풍력 발전과 태양열 온수 시스템 개발에 상당한 노력을 기울였지만, 중국에서는 여전히 수력 발전소가 가장 청정하면서 저렴한 전력 생산 방식이다. 중국은 수자원이 풍부한 나라다. 개발 가능한 잠재 수력 발전량은 4억 킬로와트에 달하고, 지금까지 개발된 양은 4분의 1에 불과하다. "30년에서 50년 이내에 수력이 주요 전력 생산 방식이 될 겁니다"라고 라이 교수는 예측한다.

다차오샨(大潮汕)댐, 공보샤(公伯峡)댐, 싼샤댐을 건설한 덕분에, 2005년 현재 수력 발전은 중국 전체 전력 생산의 16퍼센트를 담당한다. 그러나 이런 대규모 공사는 환경에 영향을 미칠 수밖에 없어 격렬한 논란을 불러일으킨다. 싼샤댐의 건설로 인한 수위 상승 때문에 400만 명이 넘는 사람들이 살던 곳을 떠나 이주해야 했다. 이들 대부분은 안 그래도 인구가 넘치는 충칭으로 몰려들었다. 또한 수많은 역사적·문화적 유적과 자연경관들이 물속에 잠겨버렸다. 높아진 수위 때문에 종종 배출된 하수 냄새가 진동하기도 한다. 양쯔강에서만 사는 유명한 민물 돌고래 바이진(白鱀)도 멸종했다.

환경 변화는 댐 자체에도 위협이 될 수 있다. 토사가 싼샤댐에 쌓이고 기후 변화로 인해 양쯔강의 수원인 티베트 고원 위의 빙하가 점점 줄어들면 댐으로의 물 공급이 줄어들 수도 있다. 우왕의 업적을 따라보려는 노력(상류 지역에서 물을 끌어다 쓰는 소형 댐이 많이 건설되었다)도 인간이 이룩한 가장 거대한 치수 사업을 망칠 수 있다. 라이 교수는 "대홍수를 염두에 두고 건설한 겁니다"라고 이야기했다. "물이 부족한 상황은 고려 대상이 아니었습니다."

2

다가오는 태양열 시대

2-1 원대한 계획

켄 츠바이벨 · 제임스 메이슨 · 바실리스 프테나키스

고유가와 높은 난방 연료비는 이미 생활의 일부가 되었다. 미국이 중동에서 전쟁을 벌이는 이유 중의 하나는 석유를 확보하기 위해서이다. 중국과 인도를 비롯한 다른 나라들에서 화석 연료 수요가 빠르게 증가함에 따라, 에너지를 둘러싼 다툼은 더욱 격화될 것이다. 동시에 석탄, 석유, 천연가스를 이용하는 발전소와 자동차에서는 매년 수백만 톤의 오염 물질과 온실가스를 대기 중으로 뿜어내며 지구를 위협하고 있다.

지금껏 많은 과학자, 엔지니어, 경제학자, 정치가들이 좋은 의도에서 화석 연료의 사용과 온실가스 배출을 조금이나마 줄일 수 있는 다양한 방법을 제안해왔다. 하지만 이 정도로는 충분치 못하다. 미국이 화석 연료에 대한 의존에서 벗어나려면 보다 과감한 정책이 필요하다. 우리 연구팀은 연구 결과 태양열로 대대적으로 에너지원을 바꾸는 것이 논리적으로 타당하다는 확신을 갖게 되었다.

태양열의 잠재적 가능성은 상상을 뛰어넘는다. 40분 동안 지구에 내리쬐는 태양 빛은 인류가 1년간 사용하는 에너지의 양과 같다. 운좋게도 미국은 다양한 자원을 가진 나라다. 남서부 지역에는 태양열 발전소를 짓기에 적합한 땅이 적어도 25만 평방마일이나* 되고, 이곳에는 약 48해 (4,800,000,000,000,000,000,000) 줄(J)의 태양 에너지가 내리

*남한의 6.5배 넓이.

쥔다. 이 중 2.5퍼센트만 전기로 바꿔도 미국이 2006년 한 해 동안 사용한 양과 같아진다.

미국을 태양열에 의존하는 나라로 변화시키려면 거대한 지역의 도지에 태양 전지와 온수관을 설치해야 한다. 또한 태양 전지가 만들어내는 직류를 효율적으로 전송하는 전력망을 전국적으로 건설해야 한다.

기술은 이미 있다. 2050년까지 전체 에너지의 35퍼센트(수송용 에너지를 포함해서), 미국 전기 소비량의 69퍼센트를 태양열을 이용해서 만들어내는 계획을 소개한다. 우리 예상으로는 이렇게 생산된 전기가 현재와 비슷한 수준인 1kWh당 5센트의 가격으로 소비자에게 판매될 것으로 보인다. 만약 여기에 풍력, 바이오매스, 지열 발전이 더해진다면 재생 가능 에너지만으로 2100년까지 미국의 전기 수요 100퍼센트와 에너지 수요의 90퍼센트를 감당할 수 있을 것이다.

2050년까지 계획을 성공적으로 달성하려면 연방정부는 향후 40년에 걸쳐 4,000억 달러 이상을 투자해야 한다. 큰 액수이긴 하지만 보상은 훨씬 더 크다. 태양열 발전소는 연료를 거의, 또는 전혀 사용하지 않으므로 매년 수십억 달러를 절감할 수 있다. 이 투자가 완료되면 300개의 대형 석탄 화력 발전소와 또 다른 300곳의 대규모 천연가스 발전소, 이들이 사용하는 화석 연료가 필요없게 된다. 또한 석유를 수입할 필요성이 사라지므로 미국의 무역적자가 큰 폭으로 줄어들고, 중동을 비롯한 여러 지역에서의 정치적 긴장도 낮아질 것이다. 태양열 기술은 기본적으로 청정 기술이므로, 이 계획대로라면 발전소에서 발생하는 매년 17억 톤의 온실가스가 사라지고, 자동차는 태양 전지로 만들어진 전기로 에너지를 공급받는 플러그인 하이브리드 차량으로 대치되면서 19억 톤의 배기 가스가 줄어든다. 2050년이면 미국의 이산화탄소 배출량이 2005년보다 62퍼센트 감소하게 되어 기후 변화를 효과적으로 멈출 수 있는 수준에 이르게 된다.

태양 전지 발전소

지난 수년간 태양 전지 패널과 모듈 생산 비용이 급격하게 하락한 덕분에 대규모로 태양 전지를 이용하는 것이 가능해졌다. 태양 전지 셀의 종류는 다양하지만, 가장 저렴한 모듈은 텔루르화카드뮴 박막 필름을 사용하는 방식이다. 2020년까지 전기 생산 단가를 kWh당 6센트로 맞추려면 태양 전지의 전기 생산 효율이 14퍼센트가 되어야 하고, 전체 시스템 설치 비용이 1와트당 1.20달러 수준이 되어야 한다. 현재는 효율이 10퍼센트, 시스템 비용이 1와트당 4달러 수준이다. 관련 기술이 개발되어야 한다는 것은 분명하고, 실제로 기술은 빠르게 발전하고 있다. 단적으로 이 글을 쓰는 시점에 변환 효율이 9퍼센트에서 10퍼센트로 상승했다. 또한 모듈의 성능이 개선되면서 지붕에 설치하는 태양 전지판도 가정에서 쓸 수 있을 정도의 가격 경쟁력을 갖게 되어 낮 시간 동안의 전기 수요에 대응할 수 있게 될 것이다.

우리가 세운 계획에 따르면 2050년까지 태양 전지 기술로 거의 3,000기가와트, 즉 3조 와트의 전기가 공급된다. 그러려면 3만 평방마일 넓이의 태양 전지판이 세워져야 한다. 엄청나게 넓은 면적이지만, 이미 미국 남서부 지역에 세워진 태양열 발전소의 경우를 화력 발전에 필요한 석탄 광산의 면적을 포함해서 기존의 석탄 화력 발전소와 생산 전력량당 필요 면적과 비교해보면 오히려 태양 전지 발전 쪽이 적은 면적을 사용한다는 것을 알 수 있다.

콜로라도 주 골든에 있는 국립재생가능에너지연구소의 연구에 따르면 환경에 큰 영향을 미치는 지역, 인구 밀집 지역, 지형적으로 건설이 힘든 지역을 제외하더라도 미국 남서부 지역에는 사용할 수 있는 충분히 넓은 토지가 있다. 애리조나 주 수자원보호부 대변인 잭 라벨레(Jack Lavelle)은 애리조나 주에서는 80퍼센트 이상의 토지가 민간 소유가 아니며, 주 당국이 태양열 기술 보급에 상당한 관심을 갖고 있다고 확인해주었다. 태양 전지는 태생적으로 환경친화적(물도 사용하지 않는다)이므로 환경 파괴 우려도 거의 없다.

당장 발전이 필요한 분야는 태양 전지 모듈의 효율을 14퍼센트까지 끌어올리는 것이다. 비록 상용화된 태양 전지의 효율이 연구실에서 개발된 수준에 이르지는 못하겠지만, 국립재생가능에너지연구소가 개발 중인 텔루르화카드뮴 전지의 효율은 이미 16.5퍼센트에 달한다. 오하이오 주 페리스버그에 있는 퍼스트솔라(First Solar) 사는 2005~2007년 사이에 모듈의 효율을 6퍼센트에서 10퍼센트로 끌어올렸으며, 2010년까지는 11.5퍼센트로 향상시킬 계획이다.

압축 공기 지하 저장

태양열을 이용할 때 가장 문제가 되는 부분은 당연히 흐린 날이나 밤에 전기를 생산하지 못한다는 점이다. 그러므로 밤에도 전기를 쓰려면 낮 동안 생산된 전기의 여분을 어딘가에는 저장해 두어야 한다. 그러나 배터리 같은 전기 저장 장치는 대부분 가격도 비싸고 효율이 낮다.

현재 대안으로 떠오르는 것 중의 하나는 압축 공기를 이용해서 에너지를 저장하는 방법이다. 태양 전지판에서 만들어진 전기가 공기를 압축해서 지하 동굴이나 폐광, 대수층, 폐가스전에 주입하는 것이다. 그러고는 필요할 때 압축 공기를 꺼내고, 이와 함께 약간의 천연가스를 연료로 사용해서 발전기를 돌린다. 이런 압축 공기 에너지 저장 발전소는 이미 1978년부터 독일 훈토르프, 1991년부터는 앨라배마 주 매킨토시에서 성공적으로 가동되고 있다. 이들 발전소에서는 천연가스만을 사용하는 경우에 비해 40퍼센트에 불과한 양의 천연가스를 이용해서 발전기를 돌리고 있다. 더욱 개선된 열 회수 기술이 사용된다면 이 비율을 30퍼센트까지 낮출 수 있다.

캘리포니아 주 팔로알토에 있는 전력연구소의 연구에 따르면 현재 압축 공기 에너지 저장 시스템의 비용은 납 축전지의 절반 정도다. 이 방식에 의한 전기 생산 단가는 태양 전지로 생산된 전기 단가에 kWh당 3~4센트 정도 추가되는 수준으로, 2020년에는 kWh당 8~9센트일 것으로 예상된다.

미국 남서부 지역의 태양 전지 발전소에서 생산되는 전기는 고압 직류 송전선을 통해서 미국 전역의 압축 공기 에너지 저장 시설로 보내진 뒤 발전에 사용된다. 핵심은 적당한 부지를 확보하는 것이다. 천연가스 업계와 전력연구소가 조사한 바에 따르면 미국의 75퍼센트 지역에 적절한 부지가 존재하며,

이런 부지는 대도시 주변에도 적지 않게 분포한다. 사실 압축 공기 에너지 저장 시스템은 미국의 천연가스 저장 시스템과 비슷하다고 볼 수도 있다. 천연가스 업계는 이미 8조 입방피트의 가스를 400곳의 지하 저장소에 저장 중이다. 우리 계획에 따르면 2050년까지 평방인치당 1,100파운드의 압력으로 압축된 공기를 저장할 5,350억 입방피트의 저장소가 있어야 한다. 이 일은 쉽지 않겠지만 저장소는 충분히 확보 가능할 뿐더러, 천연가스 업계로서는 여기에 투자하는 것이 충분히 타당한 일이기도 하다.

고온의 소금

태양 에너지로 생산되는 전기의 약 5분의 1을 공급할 또 다른 기술은 태양열 발전소다. 기다란 금속 거울이 햇빛을 반사시켜 액체가 들어 있는 관을 비춰 마치 거대한 돋보기를 이용하는 것처럼 액체를 가열한다. 관 내부에 들어 있는 고온의 액체가 열 교환기 내부를 순환하면서 증기를 만들어내어 터빈을 돌리는 것이다.

파이프는 단열 시설이 되고 용융염이 들어 있는 대형 탱크 속을 지나면서 에너지를 효과적으로 유지한다. 열은 야간에 추출되어 증기를 만들어낸다. 용융염은 매우 천천히 냉각되지만, 여기에 저장된 에너지는 하루 이내에 사용해야 한다.

미국에 있는 태양열 발전소 9곳에서 354메가와트의 전기가 이미 몇 년째 안정적으로 생산되고 있다. 네바다 주에 새로 건설된 64메가와트급 발전소는 2007년 3월부터 가동에 들어갔다. 그러나 이 발전소들에는 열 저장 장치가 없다. 최초의 상업용 장치(50메가와트 규모의 발전소에 설치되는 일곱 시간분의 용융염 저장소)는 스페인에 건설 중이며, 세계 곳곳에서 설계가 진행 중이다. 우리 계획에 따르면, 24시간 동안 쉬지 않고 전기를 생산하려면 16시간분의 저장 용량이 필요하다.

태양열 발전의 실용성은 기존 시설에서 충분히 입증되었지만, 비용은 지금보다 줄어들어야 한다. 규모의 경제와 더불어 지속적인 연구가 해답이 될 수 있다. 2006년 미국 서부 지역 주지사협의회가 발표한 보고서는 4기가와트의 태양열 발전소가 건설된다면 전기를 2015년까지 kWh당 10센트 이하의 가격으로 생산할 수 있을 것으로 결론 내리고 있다. 열 교환기 내부 액체의 온도를 더 올리는 방법을 찾는다면 운용 효율이 높아질 것이다. 엔지니어들은 용융염 자체를 열 전달 액체로 사용하는 방법을 찾고 있는데, 성공한다면 열 손실과 비용이 모두 줄어들게 된다. 한편 소금은 부식을 일으키므로 부식에 강한 파이프 소재도 찾아내야 한다.

태양열 발전소와 태양 전지는 서로 다른 기술이다. 어느 쪽도 아직 충분히 개발되지 못했기 때문에, 우리는 두 기술 모두 성숙해질 2020년경에야 태양열 발전을 대규모로 도입할 계획이다. 다양한 태양열 기술을 조합하는 것도 경제성을 충족시키는 방법이 될 것이다. 보급이 확대됨에 따라 엔지니어와 회계 담당자들이 장단점을 분석할 수 있게 될 것이고, 투자자들은 어느 쪽 기술이 더 매력적인지 판단할 수 있을 것이다.

직류 송전

태양열은 지리적 측면에서 미국의 현재 에너지원과는 판이하다. 오늘날 석탄, 석유, 천연가스, 원자력 발전소는 미국 전역에 세워져 있으며, 위치도 대부분 전기 수요가 많은 도시에서 멀지 않다. 반면 대부분의 태양열 발전소는 남서부 주에 집중되어 있다. 현재 교류 전기 송전용으로 건설된 송전선은 남서부 지역에서 집중적으로 생산된 전기를 전국으로 보내기에는 내구성도 부족할 뿐더러, 장거리 전송 중에 발생하는 에너지 손실도 너무 크다. 새로운 고압 직류(HVDC) 전력 전송망이 건설되어야 한다.

오크리지국립연구소의 연구에 따르면 장거리 HVDC 송전선은 같은 거리의 교류 송전선에 비해 에너지 손실이 적다. 이 송전선 망은 남서부 주에서 시작해 미국 전역으로 뻗어나간다. 송전선은 변전소에서 교류로 변환되어 기존의 지역 송전선을 따라 소비자에게 전달된다.

교류 시스템은 이미 용량이 한계에 달해서 캘리포니아 주를 비롯한 몇몇 곳에서 이미 문제를 일으킨 바 있다. 직류 송전선은 건설비가 저렴하고 토지도 덜 사용한다. 현재 미국에서 약 500마일 길이의 HVDC 송전선이 운영되고 있으며, 신뢰성과 효율성도 입증되었다. 텍사스 주에 있는 남서부전력회사연합(Southwest Power Pool)은 텍사스 서부에 건설할 10기가와트 용량의 풍력 발전소에 쓰일 직류와 교류 전송이 모두 가능한 전송 시스템을 개발 중이다. 또한 트랜스캐나다(TransCanada) 사는 몬태나 주와 남부 와이오밍 주에서 풍력 발전으로 생산한 전기를 2,200마일 떨어진 라스베이거스 및 인근 지역으로 전송하는 HVDC 송전선의 건설을 제안했다.

1단계 : 지금부터 2020년까지

우리 연구팀은 이러한 대규모 태양열 발전 계획이 채택될 수 있도록 세심한 고려를 했다. 우선 지금부터 2020년까지 태양열 관련 기술이 대량생산에 적합할 정도의 경쟁력을 갖춰야 한다. 그러려면 정부가 30년 상환 대출을 제공하고, 태양열 기술로 생산된 전기를 구매하며, 또한 보조금을 지급해야 한다. 연간 보조금은 2011년부터 2020년까지 점차 상승할 것이다. 그러면 태양열 기술이 다른 기술과 경쟁이 가능한 수준에 도달할 것이다. 보조금의 누적 총액은 4,200억 달러에 달하게 된다(회수 방법에 대해서는 추후에 설명한다).

2020년까지 약 84기가와트의 태양 전지와 태양열 발전 설비가 건설된다. 동시에 직류 전송망도 설치된다. 망을 고속도로를 따라 건설하는 것은 법적으로 보장되어 있으므로 그렇게 하면 토지 수용을 최소화하고 각종 규제를 가능한 한 피할 수 있다. 간선 망은 서쪽으로는 피닉스, 라스베이거스, 로스앤젤레스, 샌디에이고까지 도달하고, 동쪽으로는 샌 안토니오, 댈러스, 휴스턴, 뉴올리언스, 앨라배마 주 버밍햄, 플로리다 주 탬파, 애틀랜타까지 뻗는다.

첫 5년 동안 1.5기가와트의 태양 전지 발전 설비, 1.5기가와트의 태양열 발전소를 매년 건설하면 많은 기업이 규모를 확장할 수 있다. 이후 5년간, 연간 건설량은 기업들이 생산 방식의 효율을 높임에 따라 5기가와트에 달할 것이다. 그 결과 태양열 전기의 가격이 kWh당 6센트까지 떨어진다. 이 계획은 충분히 현실적이다. 1972년부터 1987년에 이르기까지 미국에서 매년 5기가와트의 원자력 발전소가 건설되었다. 게다가 태양열 시스템은 구조가 단순하고 환경이나 안전 관련 문제가 거의 없기 때문에 기존의 발전소보다 훨씬 빠른 속도로 건설할 수 있다.

2단계 : 2020년부터 2050년까지

무엇보다 중요한 것은 2020년까지 각종 보조금을 주어야 이후 태양열 발전이 경쟁력을 갖고 성장할 수 있다는 점이다. 우리 연구진은 2050년까지의 예상은 상당히 보수적으로 잡았다. 2020년 이후로는 어떠한 기술적 진보나 가격 하락을 가정하지 않았다. 또한 매년 에너지 수요가 1퍼센트씩 증가한다고 가정했다. 이런 시나리오에서도 2050년까지 태양열 발전소가 미국 전력 수요의 69퍼센트와 전체 에너지 수요의 35퍼센트를 감당할 수 있는 것으로 나타났다. 이 수치는 모든 자동차가 플러그인 하이브리드 자동차로 바뀌어 3억 4,400만 대가 운행되는 것을 고려한 것으로, 이는 석유 수입 의존도와 온실가스 배출 문제에서 핵심적인 요소다. 약 300만 개의 새로운 일자리가 미국 내에서, 특히 태양열 관련 제조업에서 만들어질 것이다. 이 수치는 화석 연료 관련 업종에서 줄어드는 일자리의 수보다 훨씬 많다.

수입 석유의 양이 급격히 줄어들면, 원유 가격이 배럴당 60달러라고 가정했을 때(2007년 평균 가격은 이보다 높았다) 매년 무역수지가 3,000억 달러까지 개선된다. 태양열 발전소를 설치하면 유지 보수가 필요하긴 하지만 태양은 사용료가 없기 때문에 이런 절약 효과는 해가 지날수록 누적된다. 게다가 태양열 관련 투자는 국가적으로도 에너지 안보에 도움이 될뿐더러 군대 유지 비용, 국민 건강 관련 비용부터 해안과 토양 오염에 이르기까지 오염과 지구 온난화로 인한 사회적 비용도 절감시켜 준다.

역설적으로 들리겠지만, 태양열 계획은 에너지 소비도 줄여준다. 에너지 수요가 매년 1퍼센트씩만 증가한다고 해도 2006년에 10경Btu였던 에너지 소비량이 2050년에는 9.3경Btu로 줄어든다. 언뜻 보면 이상한 이런 결과가 얻어지는 이유는 화석 연료를 채굴하고 처리하는 데 쓰이는 에너지와, 화석 연료를 태우면서 낭비되는 에너지, 배출 가스를 관리하는 데 드는 에너지가 불필요해지기 때문이다.

2050년의 목표를 달성하려면 태양 전지와 태양열 발전소를 설치할 4만 6,000평방마일의 토지를 확보해야 한다. 매우 큰 면적이지만 사실 이는 남서부 지역에서 가용한 토지 면적의 19퍼센트에 불과하다. 게다가 이 토지의 대부분은 불모지다. 별달리 사용할 용도가 없는 지역이기도 하다. 또한 이 토지들이 태양열 발전 때문에 오염되는 것도 아니다. 우리 계획은 2050년에 단지 10퍼센트의 전기만이 지붕이나 상업 지구에 분산 설치된 태양 전지에서 만들어지는 것으로 가정하고 있다. 그러나 가격이 하락함에 따라 이런 곳에서도 더 많은 전기가 생산될 것이다.

2050년 이후

50년 이후의 미래를 정확하게 예측한다는 것은 불가능하지만, 태양 에너지의 잠재력을 확인하기 위해 우리 연구팀은 2100년까지의 시나리오를 만들어 보았다. 그때가 되면 전체 에너지 수요(수송용 에너지를 포함해서)는 14경Btu에 달해서 오늘날의 전력 생산 능력의 7배에 이를 것으로 예상된다.

예측을 보수적으로 하기 위해 미국 정부가 작성한 1961년부터 2005년까지의 일조량 기록을 토대로, 남서부 지역의 과거 일조량이 최저였던 1982~1983년과 1992년, 피나투보 화산이 폭발한 뒤인 1993년을 기준으로 태양열 발전 설비가 어느 정도 필요한지를 추산해보았다. 물론 2020년부터 2100년까지 80년의 시간이면 엄청난 기술 진보와 가격 하락이 있겠지만, 이번에도 보수적인 예측을 하기 위해 2020년 이후에는 특별한 기술적 진보나 가격 하락은 없다고 가정했다.

이런 가정을 토대로, 미국의 에너지 수요를 만족시키는 데 필요한 발전 규모를 산출했다. 태양 전지에서 생산된 전기 중 2.9테라와트는 전력망에, 7.5테라와트는 압축 공기 저장 시설에 공급되어야 한다. 태양열 발전으로 2.3테라와트가 생산되고, 분산 시설에서 1.3테라와트가 생산된다. 재생 가능 에너지 공급량은 풍력 발전에서는 1테라와트, 지열 발전소에서는 0.2테라와트, 바이오매스에서 생산되는 에너지는 0.25테라와트 단위로 반올림했다. 이 시나리오는 0.5테라와트의 지열 열 펌프를 이용해서 건물의 냉난방이 이루어진다고 가정한다. 전체 태양열 시스템에는 16만 5,000평방마일의 토지가 필요하지만 여전히 남서부 지역에서 사용할 수 있는 토지 면적보다 작다.

2100년이 되면 재생 가능 에너지가 미국 전역이 사용하는 전기의 100퍼센트를, 전체 에너지 수요의 90퍼센트 이상을 생산할 것이다. 봄과 여름에 태양열 발전 시스템이 전체 수송용 에너지 수요의 90퍼센트가 넘는 충분한 양의 수소를 생산해서 압축 공기 터빈을 돌리는 데 쓰이는 천연가스를 대체할 수 있을 것이다. 480억 갤런의 바이오연료가 더해지면 나머지 수송용 에너지는 모두 해결된다. 에너지와 관련된 이산화탄소 방출은 2005년보다 92퍼센트 감소하게 될 것이다.

비용 부담은 누가?

우리 방식은 연간 1퍼센트의 에너지 수요 증가를 가정하고 있기 때문에 에너지 소비 억제를 요구하는 계획이 아니다. 에너지 생산과 사용 효율 개선을 고려하면 오늘날과 유사한 생활 방식을 유지할 수 있다. 아마도 가장 중요한 질문은 국가적으로 에너지 기반 시설을 완전히 뜯어고치는 데 들어가는 비용 4,200억 달러를 해결하는 문제일 것이다. 가장 일반적인 아이디어는 탄소세 도입이다. OECD 산하의 국제에너지기구(International Energy Agency)는 석탄 1톤당 40~90달러의 탄소세를 부과해야 발전사업자들이 이산화탄소 발생을 줄이기 위해 탄소 포집과 저장 시설을 설치하기 시작할 것으로 본다. 탄소세를 부과하면 전기 1kWh당 1~2센트 정도 가격이 상승한다. 반면 우리 계획은 보다 저렴하다. kWh당 0.5센트의 탄소세만 도입해도 4,200억 달러를 조달할 수 있다. 오늘날 전기 가격이 kWh당 약 6센트에서 10센트 사이인 것을 고려하면, 0.5센트는 충분히 감당할 수 있는 금액이다.

의회에서 국가 재생 가능 에너지 계획을 받아들여 재정 지원 법안을 만드는 것도 방법이다. 국가 안보를 이유로 시행되는 미국의 농업 보조금 프로그램을 참고로 할 수 있다. 태양열 에너지에 보조금을 지급하는 것은 국가의 미래 에너지를 확보하는 것이므로 장기적으로 볼 때 굉장히 중요한 일이다. 보조금은 2011년부터 2020년까지 순차적으로 도입하면 된다. 표준적인 30년 상환 조건을 기준으로 보면 보조금 지급은 2041~2050년 사이에 종료된다. HVDC 전송 회사는 송전선 설치와 변전소 건설에 드는 비용을 현재의 교류 시스템에서와 같은 방식으로 전기 판매에서 충당할 수 있으므로 보조금을 지급할 필요가 없다.

물론 4,200억 달러가 엄청난 금액이긴 하지만 연간 지출 비용을 따져보면 농업 보조금보다도 적다. 또한 전국적으로 지난 35년간 고속 통신망을 건설하는 동안의 감세 액수보다도 적다. 그러면서도 미국이 국제적 에너지 분쟁으로부터 자유롭게 정책과 예산을 설정할 수 있게 해준다.

태양열 계획은 보조금이 없으면 실현 불가능하다. 다른 나라들의 결론도 비슷하다. 일본은 이미 보조금을 이용해서 대규모 태양열 기간시설을 건설하고 있으며, 독일도 국가적 프로그램을 시작했다. 투자 비용이 높긴 하지만, 에너지원인 태양이 공짜라는 사실을 명심할 필요가 있다. 석탄, 석유, 원자력처럼 매년 연료비라든가 오염 관리 비용이 들지도 않고 단지 압축 공기 시스템에 쓰이는 천연가스 비용만 조금 들 뿐이다. 그조차도 수소나 바이오연료로 대체 가능하다. 연료 절감량이 누적되면 태양열 발전 비용은 수십 년 내에 엄청나게 하락할 것이다. 하지만 그렇게 되기까지 그저 기다릴 수만은 없다.

비판적인 사람들은 소재를 확보하는 어려움 때문에 대규모 태양열 발전이 벽에 부딪힐 수 있다고 주장한다. 물론 수요가 급격하게 늘면 원자재 부족 사태가 일시적으로 일어날 수 있다. 하지만 다양한 소재를 사용하는 여러 가지 기술이 존재한다. 보다 효과적인 소재 처리와 재활용 또한 소재 수요를 감소시킨다. 장기적으로는 오래된 태양 전지를 재활용해서 새 태양 전지 생산에 활용할 수 있으므로 지금처럼 연료를 소모하는 에너지 공급 체계가 소재를 재활용하는 형태로 바뀔 것이다.

미국에 재생 가능 에너지 시스템을 구축하는 데 있어서 가장 큰 장애는 기술이나 자금이 아니다. 오히려 태양열이 실질적인 – 특히 자동차에도 – 방법이라는 점을 대중이 모르고 있다는 사실이다. 미래를 생각하는 사람들이라면 미국 국민들, 정치인, 과학계를 설득해서 태양열의 엄청난 잠재력을 알리도록 해야 한다. 일단 태양열의 잠재력을 인식하게 되면, 에너지 독립과 이산화탄소 배출 감소의 필요성 때문에 전국적으로 태양열 에너지 계획을 실현하고자 하는 움직임에 불이 붙게 될 것이다.

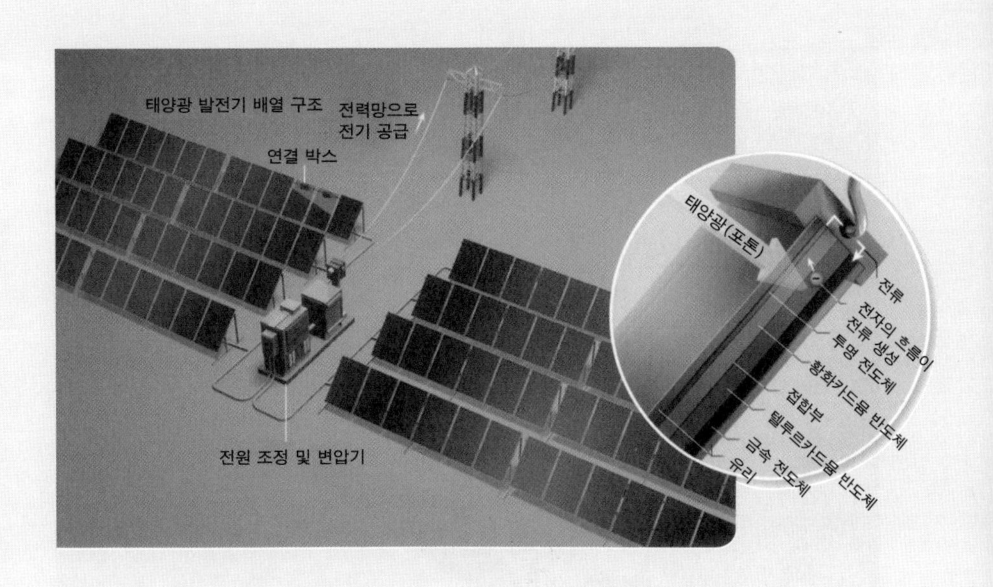

태양광 발전기 배열 구조
전력망으로
전기 공급
연결 박스
전원 조정 및 변압기
태양광(포톤)
전류
전자의 흐름이
전류 생성
투명 전도체
황화카드뮴 반도체
접합부
텔루르카드뮴 반도체
금속 전도체
유리

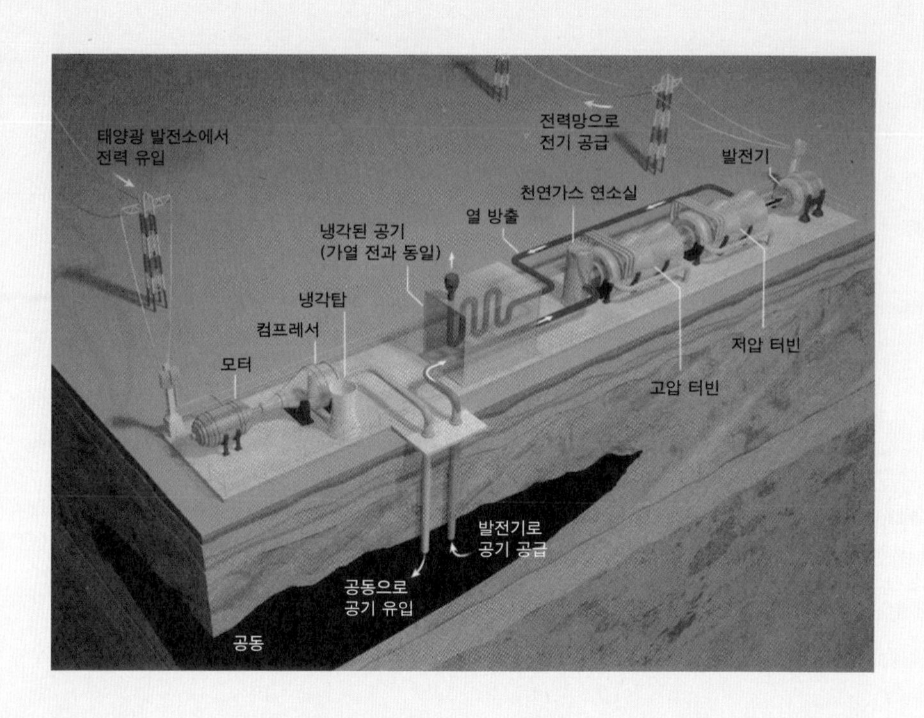
태양광 발전소에서
전력 유입
전력망으로
전기 공급
발전기
천연가스 연소실
열 방출
냉각된 공기
(가열 전과 동일)
냉각탑
컴프레서
모터
저압 터빈
고압 터빈
발전기로
공기 공급
공동으로
공기 유입
공동

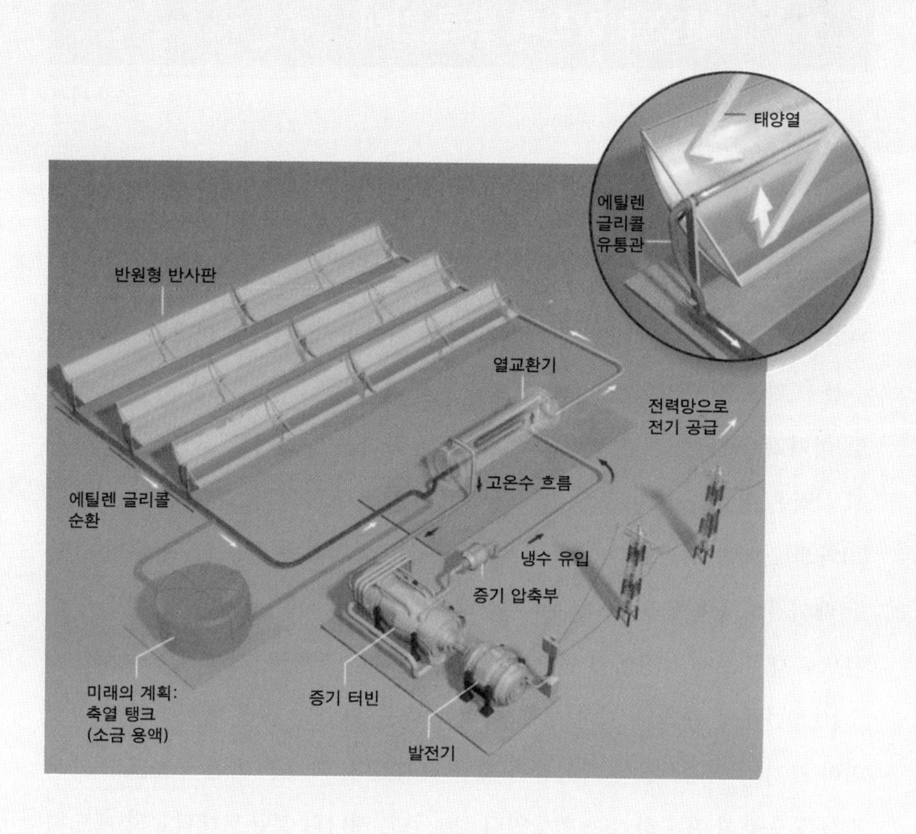
태양열
에틸렌
글리콜
유통관
반원형 반사판
열교환기
전력망으로
전기 공급
고온수 흐름
에틸렌 글리콜
순환
냉수 유입
증기 압축부
미래의 계획:
축열 탱크
(소금 용액)
증기 터빈
발전기

2-2 태양광 발전의 밝은 미래

조지 머서

브라질에는 "브라질은 영원히 미래가 밝은 나라일 것"이라는 조크가 있다. 비슷한 맥락으로 태양열 발전은 오랫동안 미래의 궁극적인 청정 기술일 것으로 여겨져 왔다. 어쩌면 비로소 그 미래가 다가온 것인지도 모른다. 태양 전지 시장은 아직 규모가 크진 않지만 빠르게 성장하고 있다. 2004년 한 해만도 60퍼센트 이상 성장했다. 지붕에 태양 전지를 설치하는 경우, 전지 수명이 다 할 때까지의 총비용을 고려해서 계산해보면 kWh당 전기 가격이 20센트 수준이므로 대부분의 가정에서 현재 지불하는 전기 가격과 비슷하다.

1990년대에 개발된 기술 중에 특히 기대를 모았던 것은 플라스틱에 나노미터 크기의 크리스탈을 박아놓은 태양 전지였다. 하지만 이런 구조로도 가시광선을 충분히 흡수하기는 힘들었다. 2005년, 캐나다 토론토대학교의 에드워드 사전트(Edward H. Sargent) 교수가 이끄는 연구팀이 이 기술을 다듬어서 적외선까지 흡수하도록 만들었다. 수 나노미터 크기의 황화납 입자 혼합물은 파장이 2마이크로미터에 불과한 빛도 흡수했다. 그 결과 햇빛의 스펙트럼에서 이전보다 더 넓은 범위의 빛을 흡수할 수 있게 되면서 저렴한 플라스틱 태양 전지의 성능이 값비싼 실리콘 태양 전지와 경쟁할 수 있게 되었다.

또 다른 혁신적 구조의 태양 전지로는 스위스 로잔에 있는 스위스연방공과대학교의 미하엘 그래첼(Michael Grätzel) 교수가 10여 년 전에 개발한, 전해액이 입혀지고 염색된 나노 입자로 만들어진 방식이 있다. 여기서는 염료가 광자를 흡수하고 전자의 흐름을 만들어내는 역할을 한다. 전자의 원천(염료)이 전해액 속으로 흘러들어가면서 전자가 떨어져 나오고 나노 입자가 발생하는데, 전자는 통상의 태양 전지에서와는 달리 좀처럼 원자와 다시 결합하지 않아 전류의 발생이 훨씬 원활해진다. 결과적으로 염료 기반 태양 전지는 약한 빛에서도 뛰어난 성능을 보인다.

일본 요코하마 토인대학교의 미야사카 츠토무 교수와 무라카미 타쿠로 교수는 이 기술을 이용해서 태양열로 전기를 만들어낼 뿐 아니라 저장도 되는 세계 최초의 광축전기(photocapacitor)를 만들어냈다. 이들은 염료 코팅이 된 입자를 이용하는 동시에, 전자를 붙들어두는 활성 탄소층을 만들어내는 스위치를 부착했다. 이들이 만든 최신 시제품에 500와트 전구를 비추면 0.8볼트까지 전압이 올라가는 데 몇 분밖에 안 걸린다. 정전 용량은 1제곱센티미터당 약 0.5패럿(F)으로, 이 정도면 일반적인 태양 전지 패널에 쓰이는 통칭 초대용량 축전기(ultracapacitor)를 대치할 수 있는 수준이다. 초대용량 축전기는 원래 하이브리드 자동차와 무정전 전원 공급 장치에 쓰이는 배터리를 대체하거나 보조 용도로 쓰기 위해 개발된 것이다. 미야사카 교수는 2004년 이 기술을 비롯한 몇 가지 기술을 상용화하여 펙셀테크놀로지(Peccell Technologies)를 설립했다.

에너지를 수소 가스의 형태로 저장하는 방법도 있다. 1960년대 후반, 일본의 후지시마 아키라와 혼다 켄이치는 태양 전지의 구성 요소에 물을 흘려보내면 태양 전지를 인공 나뭇잎처럼 동작시킬 수 있다는 사실을 발견했다. 문제는 여기에 쓰이는 이산화티타늄 같은 물질이 주로 자외선을 흡수한다는 사실이었다. 이런 좁은 대역의 빛만 흡수해서는 효율이 높을 수가 없다. 화학적 성분을 손보아 가시광선도 흡수하도록 했지만 그 결과 녹에도 약하게 되어 버렸다.

그래첼 교수가 이 골치 아픈 문제를 해결할 수 있는 방법을 최근에 개발했다. 바로 두 개의 태양 전지판을 합치는 것이다. 첫 번째 태양 전지판에는 삼산화텅스텐이나 산화철이 들어 있어서 자외선을 흡수한다. 두 번째 전지판은 염료를 이용한 것으로, 자외선을 제외한 가시광선의 나머지 부분을 흡수하고, 광분해를 보조하는 전자를 더 많이 만들어낸다.

이 기술을 상용화하려고 노력 중이던 영국의 하이드로겐솔라(Hydrogen Solar) 사는 2004년, 물 분해 효율이 거의 10배에 이르도록 하는 데 성공했다고 발표했다. 이 회사는 현재 이 기술로 생산되는 수소의 원가가 천연가스를 이용하는 경우보다 두 배 정도 높지만, 온실가스 배출에 규제가 가해지면 경쟁력을 가질 수 있을 것으로 본다. 그렇게 되면 연료 전지 자동차에 연료를 주입하려고 주유소에 갈 필요가 없다. 지붕에 태양 전지판을 설치하면 가정에서도 수소를 만들어낼 수 있다.

2-3 인공 잎

안토니오 레갈라도

나단 루이스는 마치 지옥의 무서움을 설교하는 목사처럼 무서우면서도 즐겁게 에너지 위기에 관한 강의를 이어나갔다. 캘리포니아공과대학교 화학 교수인 그는 기후 변화의 가능성을 낮추려면 전 세계는 2050년까지 탄소를 발생시키지 않는 청정 에너지를 10조 와트 이상 생산해야만 한다고 말했다. 그는 전 세계의 모든 호수와 강을 막아서 수력 발전소를 만든다고 해도 5조 와트의 전기밖에 생산할 수 없다고 지적한다. 원자력 발전이 방법이 될 수 있겠지만, 그러려면 향후 50년간 원자력 발전소를 매일 두 곳씩 건설해야 한다.

청중들이 절망에 빠질 때쯤, 그는 하지만 방법이 없는 건 아니라고 말한다. 태양이 지구에 한 시간 동안 보내주는 에너지는 인류가 1년 동안 쓰는 양보다 많다. 하지만 그는 태양 에너지를 이용하려면 기술 혁신이 있어야만 한다는 점도 분명히 짚는다. 인공 잎은 진짜 잎처럼 햇빛을 받아 화학 연료를 만들어낸다. 이 연료는 석유나 천연가스처럼 태울 수 있고, 자동차의 연료로도 쓸 수 있고, 전기나 열을 만들어낼 수도 있다. 게다가 해가 진 뒤에 쓰도록 저장할 수도 있다.

진짜 잎은 섬유소 연료를 만들어내지만, 루이스 교수의 연구실에서 개발 중인 잎은 물을 원료로 하여 수소 연료를 만들어낸다. 이곳은 컴퓨터 칩보다 더 조금 큰 인공 잎 시제품을 만들고 있는 여러 곳 중의 하나다. 다른 곳에서도 바이오연료를 만들어내도록 유전자를 조작한 조류(藻類), 석유를 배설물로 배출하는 새로운 생화학적 유기물같이 태양 에너지를 이용하는 새로운 방법을 경쟁적으로 연구 중이다. 이런 모든 연구는 결국 햇빛을 저장하고 수송할 수 있는 형태의 화학 에너지로 변환해서 손쉽게 사용할 수 있게 만들려는 시도들이다. 그러나 루이스 교수는 인공 잎만이 인류 문명이 필요로 하는 규모의 에너지를 생산할 수 있는 유일한 방법이라고 주장한다.

광자로 만들어내는 연료

몇몇 시제품에서 햇빛을 이용해 소량의 태양열 연료(solar fuel : 전자 연료라고도 함)를 만들어내긴 했지만, 저렴한 비용으로 대량생산을 할 수 있으려면 기술적으로 개선되어야 할 점이 많다. 루이스 교수는 미국의 전력 소비 규모를 감당하려면 반도체 칩처럼 단단한 성질이 아니라 얇고 탄성이 있는 태양열 연료 필름을 만들어야 신문을 인쇄하듯 연속적으로 고속 생산이 가능하다고 본다. 이런 필름의 가격은 벽지와 비슷한 수준이어야 하고, 궁극적으로는 사우스캐롤라이나 주를 덮을 만한 면적의 필름이 생산되어야 한다.

태양열 연료 기술은 결코 허황된 꿈이 아니다. 1970년대 석유 파동 당시 지미 카터 대통령이 대체 연료 개발을 추진한 이후 조금씩 발전해왔다. 이제 새로운 에너지와 기후 위기가 닥치면서, 태양열 연료가 갑자기 주목을 받고 있다. 광합성을 흉내내는 인공 시스템을 개발 중인 스웨덴 웁살라대학교의 연구원 스텐뵈른 스티링(Stenbjörn Styring)은 이 기술을 개발하고 있는 콘소시엄의 수가 2001년 단 두 개에서 현재 29개까지 증가했다고 이야기한다. "저희가 파악하지 못한 경우도 꽤 있을 겁니다."

2009년 에너지부는 세 가지 중점 에너지 연구 계획 중 하나인 태양열 연료를 개발하기 위해, 다양한 연구기관 소속의 과학자들로 이루어진 루이스 교수가 이끄는 연구팀에 1억 2,200만 달러를 5년간 지원하기로 결정했다. 태양열 연료는 "에너지 안보와 탄소 배출이라는 두 가지 큰 문제를 한꺼번에 해결할 수 있다"고 에너지부의 수석 과학 담당관인 스티븐 쿠닌(Steven E. Koonin)은 말한다. 그는 태양열을 곧바로 연료로 바꾸는 방식은 실질적으로 "엄청난" 문제들과 맞닥뜨릴 것으로 보면서도 "성공한다면 그 대가는 어마어마하기 때문에" 충분히 투자할 가치가 있다고 주장한다.

광합성에서는 나뭇잎이 햇빛에 들어 있는 에너지를 이용해서 물과 이산화탄소의 화학적 결합을 재구성해서 당의 형태로 연료를 만들어내고 저장한다. "가능한 한 나뭇잎에 가까운 과정을 만들어내려는 겁니다"라고 루이스가 이야기했다. 즉, 최대한 단순한 과정을 통해서 화학적 결과물을 만들어내려는 것이다. 루이스가 설계 중인 인공 나뭇잎에는 두 가지 핵심 요소가 포함된다. 태양 에너지(광자)를 전기 에너지(전자)로 변환하는 수집기와 전자의 에너지를 이용해서 물을 산소와 수소로 분리하는 전기분해기다. 화학 혹은 금속 촉매가 더해져서 전기 분해를 촉진한다. 기존의 태양 전지도 햇빛에서 전기를 만들어내고 전기분해기도 다양한 분야에서 이미 이용되고 있지만, 핵심은 이 두 가지를 저렴하고 효율적인 태양열 필름의 형태로 만들어내는 것이다.

2-3

지금까지는 이 두 가지 기능을 합쳤을 때 제대로 동작하는지를 확인하는 목적의 커다란 시제품이 만들어졌을 뿐이다. 일본의 자동차 회사 혼다의 엔지니어들은 냉장고보다 조금 더 크고, 태양 전지 패널로 덮여 있는 장치를 만들었다. 내부에 들어 있는 전기분해기가 물 분자를 분해하는 데 이용하는 전기는 태양열에서 얻는다. 이 장치는 전기 분해로 얻어진 산소를 대기 중으로 방출하고, 수소는 압축해서 저장한다. 혼다의 의도는 이 기술을 이용해 연료 전지 자동차에 연료를 공급하는 것이다.

이론적으로 보자면, 이 방법을 이용해서 지구 온난화 문제를 해결할 수 있다. 물과 햇빛만으로 에너지를 만들 수 있고, 부산물은 산소뿐이다. 그리고 연료 전지 자동차에서 수소를 연소시켜서 나오는 배출물은 물이다. 문제는 여기에 사용되는 태양 전지판에 값비싼 실리콘 결정이 필요하다는 점이다. 또한 전기분해기에는 지금까지 물의 분해 과정에 가장 효과적인 촉매로 알려진, 1온스당 1,500달러나 하는 비싼 금속인 플래티늄이 가득 들어 있다.

이는 혼다의 태양열-수소 생성 장치로는 전 세계가 필요한 만큼의 에너지를 만들어낼 수 없다는 것을 의미한다. 루이스의 계산에 따르면 태양열 연료 장치로 전 세계의 에너지 수요를 충족하려면 집광면 1평방피트당 가격이 1달러 이하이고, 햇빛을 화학 연료로 변환하는 효율이 10퍼센트가 넘어야 한다. 필름이나 카펫 같은 형태로 완전히 새로우면서 저가의 소재로 만들어진, 대규모로 생산이 가능한 방법이 개발되어야만 하는 것이다. 루이스의 동료인 해리 아트워터(Harry A. Atwater, Jr.)는 이런 상황을 "(값비싼) 반도체 칩이 아니라

(엄청나게 값싼) 포테이토칩이 필요하다"고 표현했다.

적절한 촉매

수십 년에 걸친 다양한 시도에도 불구하고 아직 이런 기술 개발은 초기 단계에 머무르고 있다. 그 이유를 보여주는 사례가 있다. 1998년 콜로라도 주 골든에 위치한 국립재생가능에너지연구소의 존 터너는 물속에 담근 상태로 햇빛에 내놓으면 수소와 산소를 엄청난 속도로 만들어내고, 효율은 나뭇잎의 12배에 달하는 성냥갑 크기의 장치를 만들어냈다. 하지만 이 장치는 아주 희귀하고 비싼 금속인 플래티늄을 촉매로 쓰고 있었다. 이 태양열 연료 전지의 가격은 1평방센티미터당 1만 달러였다. 이런 물건은 군대나 인공위성에서는 쓰일 수 있을지 몰라도 민간용으로 쓰이기는 불가능하다.

촉매로서 훌륭한 소재인 귀금속은 공급이 원활치 못한 때가 많다. "그 부분이 제일 어려운 점이다"라고 스티링도 인정한다. "환경을 보호하고자 한다면 그런 귀금속이 아니라 철, 코발트, 망간 같은 값싼 금속을 이용해야 합니다." 또 다른 문제는 물 분해 과정에서는 녹이 생기기 쉽다는 점이다. 공장에서 지속적으로 광합성 장치를 새로 만들어야 한다는 뜻이다. 터너가 만든 태양열 연료 전지의 수명은 고작 20시간이었다.

오늘날 터너의 연구는 좀 더 저렴한 촉매와 수명이 긴 집광기를 찾는 형태로 계속되고 있다. 이는 고통스러운 과정이다. "제가 원하는 기능을 가진 물질을 찾아 숲 속을 헤메고 있는 셈이죠. 별 진전은 없어요." 터너가 말했다.

2-3

매사추세츠공과대학교의 다니엘 노세라(Daniel G. Nocera)가 이끄는 연구팀처럼 새로운 촉매를 찾는 다른 연구진들도 있다. 2008년, 노세라는 동료들과 함께 물 분해 과정에서 산소의 생성을 촉진하는, 값싼 인산염과 코발트의 조합으로 만들어진 촉매를 찾아냈다.

시제품은 퍼즐의 첫 조각을 맞추는 수준에 불과했음에도(연구진은 실제 연료가 되는 수소를 만들어내는 데 쓰일 만한 더 좋은 성능의 촉매는 아직 찾아내지 못했다) 학교 측은 이것이 "인공 광합성"을 향한 커다란 진전이라고 스스로 평가했다. 노세라는 머지않아 자동차의 연료로 쓰일 수소를 가정마다 마당에 설치한 장치에서 만들어낼 수 있게 될 것이라고 생각한다.

하지만 이런 대담한 주장에 대해 일부 태양열 연료 전지 전문가들은 아직 연구가 수십 년은 더 진행되어야 할 것이라며 동의하지 않는다. 물론 훨씬 낙관적인 사람들도 있다. 에너지부와 벤처캐피털 회사 폴라리스벤처파트너스(Polaris Venture Partners)는 노세라가 매사추세츠 주 케임브리지에 설립한 선카탈리틱스(Sun Catalytix)에서 노세라의 연구가 지속되도록 지원하고 있다.

한편 캘리포니아공과대학교의 루이스는 햇빛의 광자를 모으고 변화하는 방법(모든 태양열 연료 전지의 첫 단계)을 기존의 실리콘 결정이 들어간 태양 전지에 비해 훨씬 저렴하게 구현하는 연구를 하고 있다. 그는 실리콘 나노와이어를 투명 플라스틱 필름 위에 씌운 형태의 집광기를 고안해서 만들어냈다. 크게 만들면 마치 "담요처럼 둘둘 말았다 풀었다 할 수 있다"고 그가 설명했다. 그가 설계한 나노와이어는 7퍼센트의 효율로 빛을 전기 에너지로 변환한다. 이 수치는 효율이 20퍼센트에 달하는 상용 태양 전지에 비하면 턱없이 낮다. 하지만 아주 저렴한 가격에 만들 수 있다면, 또 신문 인쇄처럼 말아서 생산할 수 있다면 낮은 효율도 감수할 수 있을 것이다.

한편 태양열로 만들어낼 연료로서 수소가 가장 적합한지도 논란거리다. 액체 바이오연료를 만들어내는 생물학적 유기물을 연구하는 연구진들은 액체 바이오연료가 수소에 비해 저장과 수송이 쉽다고 주장한다. 하지만 수소도 편리한 물질이긴 하다. 수소는 연료 전지 자동차에 쓰일 수도 있고, 발전소에서 전기를 만들어낼 수도, 심지어 합성 디젤유의 원료가 될 수도 있다. 그렇지만 "핵심은 탄소 발생이 최소화되면서 에너지 밀도가 높은 화학 연료를 만들어내는 것"이라고 루이스는 지적한다. "어느 한 가지에 구속될 필요는 없어요."

나뭇잎은 아주 흔한 요소만을 이용해도 햇빛이 연료로 변환될 수 있다는 사실을 보여준다. 과연 인류가 이 과정을 흉내내는 데 성공해서 지구 온난화를 멈출 수 있을까? 결과를 예측하긴 어렵다. 루이스는 "쉽게 구할 수 있는 소재를 이용해서는 이 문제를 풀 수 없다는 사실 때문에 더더욱 이 연구에 매진해야 한다"고 이야기한다. 그의 걱정은 사회적으로 (정책 입안자, 연구비를 지원하는 정부기관, 심지어 과학자들도) 에너지 문제의 심각성이나, 왜 혁명적인 해결책이 필요한지에 대한 이해가 턱없이 부족하다는 것이다. 그 때문에 그가 여기저기 강연을 다니면서 태양열의 가치를 설파하고 있는 것이다. "아직도 이것이 절대로 실패하면 안 되는 문제라는 걸 인식하지 못하고 있어요."

3

바람을 타고

3-1 높이가 얼마냐가 문제일 뿐

데이비드 비엘로

육지와 바다에 풍력 발전기를 마음껏 설치할 수만 있다면 당장이라도 전 세계 전력 수요의 4배가 넘는 전기를 생산할 수 있다. 하늘에 연이나 로봇 항공기를 띄워 고공에서 부는 바람을 이용한다면 현재보다 100배에 이르는 전기를 만들어낼 수 있고, 기후에 미치는 영향은 무시해도 좋을 정도다.

컴퓨터 시뮬레이션에 의하면 풍력의 잠재력은 끝이 없어 보인다. 로렌스 리버모어 국립연구소의 기후학자이고 《네이처 기후변화(Nature Climate Change)》에* 실린 분석의 총괄책임자였던 케이트 마블(Kate Marvel)은 "바람을 이용해서 만들어낼 수 있는 전기의 양은 물리적으로 한계가 있긴 하겠지만, 인류의 에너지 수요를 한참 능가한다"고 설명한다(본지 《사이언티픽 아메리칸》도 이 잡지를 출판하는 네이처 출판 그룹의 일원이다). 현재 전 세계의 전력 수요는 대략 18테라와트(18조 와트) 정도다.

*유명 학술지인 《Nature》 발행사에서 발간하는 기후 변화에 관한 학술지.

전기 생산 과정에서 발생하는 온실가스 감축의 필요성 때문에 미국에서 중국에 이르기까지 수많은 풍력 발전소가 건설되고 있다. 현재 전 세계적으로 풍력 발전 용량은 239기가와트가 넘는다. 하지만 풍력 발전이 어느 정도까지 성장할지는 확실치 않다. 문제점 중 하나는 풍력 발전 자체가 바람의 속도를 늦추기 때문에 지역적, 그리고 전 세계적으로 기후에 어떤 방식으로건 영향을 미친다는 점이다.

환경과학자인 델라웨어대학교의 크리스티나 아처(Cristina Archer)와 스탠퍼드대학교의 마크 제이콥슨(Mark Jacobson)은 햇빛의 화학적 역할을 고려해서 만든 지구의 기후학적 모형에 발전기 제조사가 제공한 발전기 정보를 추가해서 수행한 컴퓨터 시뮬레이션을 통해서, 풍력 발전이 어느 수준에 이르렀을 때 정점(풍력 발전기를 추가로 건설해도 전체 발전량이 오히려 줄어들기 시작하는 때)에 이르는지를 분석했다. 《국립과학아카데미학회지(Proceedings of the National Academy of Sciences)》 9월호에 실린 논문에 따르면, 지면에서 100미터 높이(현재 설치된 대부분의 풍력 발전기의 날개가 위치한 높이)에서는 발전량이 250테라와트에 이르면 정점을 찍을 것으로 나타났다. 아처는 "대기 중에서 어느 정도의 전기 에너지를 만들어낼 수 있을지를 계산해 본 것"이라고 설명하면서, 전 세계적으로 풍력 발전기가 400만 개 정도 설치되면 현재 전 세계 수요의 절반에 가까운 7.5테라와트의 전기를 안정적으로 생산할 수 있을 것으로 보았다.

한편 마블은 동료들과 함께 풍력의 지구물리학적 한계, 즉 지구에 부는 바람을 이용해 지구에 영향을 미치지 않으면서 어느 정도의 에너지를 만들어낼 수 있는지 조사했다. 어떤 식으로건 사라지는, 지상에서 395미터 높이에서 부는 바람으로 적어도 400테라와트의 전기를 만들어낼 수 있었다. 이에 비해 더 높은 고도에서는 대기 물리학적 조건을 고려할 때 1,800테라와트가 넘는 전기를 만들 수 있는 것으로 나타났다.

연구진은 100년이 넘는 기간에 이런 식으로 전기를 만들어서 사용했을 때 지구의 기후에 미치는 영향을 모형을 이용해서 분석했다. 만약 인류가 바람이 가진 모든 에너지를 뽑아낼 기술을 갖게 된다면, 지구의 기온은 섭씨 1도 오를 것이고 강수량은 10퍼센트 정도 줄어들 것으로 보인다. 이는 현재 인류가 사용하는 에너지의 총량보다 100배 이상 많은 에너지이지만, 풍력을 사용함으로 인해 실제 미치는 영향은 미미할 것이라는 점을 시사한다. 스탠퍼드대학교 카네기연구소 생태학 부서의 기후학자이자 마블과 공동 저자인 켄 칼데이라(Ken Caldeira)는 "문명 전체로 보면 전 세계적으로 풍력 발전기를 아무리 많이 사용해도 기후에 미치는 영향은 무시해도 될 수준"이라고 이야기한다.

성공하기만 한다면

캘리포니아에 있는 마카니파워(Makani Power)나 이탈리아의 카이트젠(KiteGen) 등이 관련 기술을 개발 중이긴 하지만, 고공에 부는 바람을 발전에 이용하는 것은 아직까지는 희망 수준에 머무르고 있다. 마카니사의 방식은 컴퓨터로 조종되는 비행기에서 해상 300미터 높이에서 부는 바람을 이용해 전기를 만들어내고, 만들어진 전기를 탄소섬유와 도체 금속 줄을 통해서 지상으로 전송한다. 이 회사는 구글과 첨단에너지연구청으로부터 자금 지원을 받고 있으며, 몇 년 내에 이 기술을 상용화하는 것을 목표로 하고 있다. 개념적으로 보자면 이 방식에서 비행기는 지상에 설치된 풍력 발전기에서 다른 모든 부분을 제외한 날개 역할을 한다. 마카니 CEO이자 기계공학 엔지니어인 코윈

하뎀은 말한다. “질량이 엄청나게 줄어든 것이므로, 전력 생산의 일관성을 향상시킬 수 있습니다. 결국 에너지 생산 원가가 낮아지는 겁니다.” 한편 카이트젠 사의 방식은 500미터 이상의 높이에 떠 있는 연을 이용하는데, 연에 연결된 줄이 당겨지는 힘을 이용해서 지상에 있는 발전기를 회전시킨다. 그리고 연을 다시 감아주었다가 풀리는 과정을 반복한다.

고도 2킬로미터 높이까지(바람이 더 일정하게 부는) 올라가면, 이 정도의 바람을 견딜 수 있는 줄에서부터 자동으로 자세를 유지하면서 전기를 만들어내 지상으로 전력을 보낼 수 있는 항공기에 이르기까지 현재의 모든 기술과 소재가 성능의 한계에 다다른다. 마카니사의 하뎀은 “우리 기술에서 비행기가 높이 날아서 얻는 이득은 아주 일부분에 불과하다”고 이야기한다. 어느 항공기나 마찬가지로 “항공기의 무게가 가볍기 때문에 주변의 대기 상황에 크게 영향을 받는” 것이고, 이는 연방 항공청이 규제를 가하는 이유이기도 하다.

하늘이건 지상이건 풍력 발전기를 설치할 적당한 장소를 찾는 일은 점점 어려워질 것이다. 미국의 대평원이나 중국의 초원과 사막처럼 바람이 많이 부는 한 곳에 여러 대의 발전기를 집중적으로 설치한다고 해도 발전기의 수가 많아지다 보면 국지적으로 포화 상태에 이르러 각각의 발전기의 발전 능력이 떨어지기 시작한다. “일단 바람이 많이 부는 곳이어야 하겠죠.” 델라웨어대학교의 아처도 인정했다. 하지만 “풍력을 이용해서 정말로 대규모의 전력을 얻고자 한다면 얼마 되지 않는 ‘적합한’ 장소만 생각해서는 곤란합니다.”

리버모어연구소의 마블이 “발전기의 위치가 중요하다”고 거들었다. 그는 밤에 기온이 올라가는 것을 예로 들어 설명했다. "한 곳에서 집중적으로 풍력을 이용할 때 국지적으로 기후에 어떤 영향이 나타나는지를 조사 중입니다."

또한 수많은 풍력 발전기(마카니사가 제조하는 탄소섬유 날개이건, 플라스틱과 강철로 만들어 시멘트 위에 세우는 통상적인 발전기이건)를 제조하는 데도 상당한 양의 에너지가 필요하다. 게다가 이 에너지의 대부분은 화석 연료에서 얻는다. 하지만 풍력 발전으로 인해 일어나는 기후 변화는 원자력 발전처럼 온실가스를 배출하지 않는 다른 기술에 비하면 여전히 작다. 이에 대해 아처는 말한다. "불과 몇 달, 즉 9개월 이내에 발전기 설치에 관련된 온실가스 배출 효과는 상쇄됩니다. 탄소를 이처럼 적게 배출하면서 필요한 전력을 얻을 수 있는 기술은 없어요."

현재 지상에 설치된 통상적인 풍력 발전기에서 얻는 전기는 미국 전력 생산량의 3퍼센트 정도이고, 전 세계적으로는 그보다 더 낮다. 풍력 발전의 한계는 정치·사회·경제적 요인처럼, 한마디로 표현하자면 지구물리학적 요인이 아닌 것들에 따라 정해진다. 게다가 풍부한 천연가스 덕택에 여전히 천연가스를 태워서 전기를 만들어내는 비용이 풍력보다 저렴하다. 물론 이로 인한 미래의 기후 변화 대처 비용도 고려해야 하겠지만 말이다. "경제성장과 개발을 유지하면서도 중대한 부작용 없이 지속 가능한 청정 에너지원을 찾아내고 싶은 겁니다." 칼데이라가 말을 이었다. "그런 점에서 풍력은 아주 매력적이거든요."

3-2 어느 작은 섬

데이비드 비엘로

덴마크 삼쇠 섬의 트라네비에르 – 이 덴마크 섬에서는 겨우내 들풀을 몰아치고 깃발을 사정없이 나부끼게 만드는 북해의 칼바람이 멈추지 않고 거대한 풍력 발전기를 끊임없이 돌리고 있다. 섬 위에, 그리고 발틱 해와 북해를 잇는 카테가트 해협에 세워진 21개의 발전기 중 20개에 지분을 갖고 있는 삼쇠 섬의 주민 4,000명에게는 좋은 일이다.

일부에서는 풍력 발전기가 흉물스럽다고 생각하기도 하고, 날개가 돌아갈 때 나는 소음에 불만을 터뜨리기도 하지만, 이 섬의 재생 가능 에너지 실험 전도사이자 삼쇠에너지협회장인 쇠렌 헤르만센(Soren Hermansen)의 생각은 다르다. "그 소리는 은행에서 돈을 셀 때 나는 소립니다."

섬에 설치된 발전기의 높이는 50미터이고 날개는 한쪽 끝에서 다른 쪽 끝까지 27미터에 달한다. 해상에 설치된 발전기는 높이가 63미터(수면 아래 설치해 해저에 고정된 부분은 제외하고도)에 이르고 날개의 길이는 40미터로 훨씬 더 크다. 이런 발전기 한 개에서 연간 800만kWh의 전기가 생산되는데, 발전기의 대당 가격은 300만 달러다(육상용은 100만 달러를 살짝 넘는 수준으로 훨씬 저렴하다).

도축장을 비롯한 공동 시설을 짓기 위해 주민들이 돈을 모으던 150년 전의 전통과 마찬가지로, 삼쇠 주민 10명 중 한 명이 발전기 지분을 갖고 있고, 발전량과 전기 가격에 따라 매년 배당금을 받는다. 풍력 발전기에서 생산되는 전기 덕택에 이곳 주민들은 소비하는 양보다 더 많은 에너지를 재생 가능 에너지에서 얻으므로 이산화탄소 배출 수치를 따져보면 아주 양호하다.

덴마크의 풍력 발전기 제조사인 베스타스윈드시스템(Vestas Wind Systems)의 대정부 담당 이사인 미하엘 자린에 따르면 화석 연료에 의존하는 화력 발전소를 대체한 거대한 3메가와트짜리 풍력 발전기를 만드는 과정에서 발생한 이산화탄소를 상쇄하는 데는 약 7개월의 가동만으로도 충분했다고 한다. 현재 풍력 발전은 삼쇠에서 필요 전력의 100퍼센트를, 덴마크 전국적으로는 20퍼센트의 전기를 공급하고 있다. 미국에서 새로 건설되는 발전 방식 중에서는 가장 많이 건설되는 방식이다. "풍력을 대체할 만한 건 전혀 없어요"라고 자린 이사는 덧붙였다.

하지만 삼쇠(맨해튼의 두 배 정도의 면적에 22개의 마을이 있는 작은 섬)에서는 미래를 바라보는 새로운 시각을 만날 수 있다. "이 섬에서 뭔가 특별한 일이 있었던 것처럼 들릴 겁니다." 헤르만센은 섬 주민들이 발생시키는 이산화탄소보다 대기에서 제거한 이산화탄소의 양이 더 많다고 이야기한다. (평균적으로 덴마크인 1인당 매년 10톤의 이산화탄소를 만들어낸다.) "우린 그저 보통 사람들입니다만 어쩌면 좀 순진하고, 어쩌면 좀 이기적이고, 재미없는 사람들이겠지만 이건 그저 우리의 일상을 어떤 모습으로 만들어갈 것인가에 대한 한 가지 방법일 뿐이에요."

역사의 교훈

삼쇠에서 이 실험이 시작된 것은 1997년 덴마크 제2의 도시인 아루스 출신의 기업 컨설턴트 올레 욘손(Ole Johnsson)이 삼쇠 시장을 설득해서(사실 유일하게 설득된 사람이다) 덴마크 정부가 추진하는 재생 가능 에너지 활용 섬 콘테스트에 참가하도록 하면서부터다. 헤르만센은 "그는 코펜하겐에 손수레를 끌고 가서 마치 바이킹처럼 돈을 가득 담아올 생각이었다"고 이야기했다.

덴마크 정부가 그 이후 거의 9,000만 달러에 이르는 자금을 10년간 투자했지만 거기에는 조건이 따랐다. 덴마크 기술로 에너지 자립이 가능해야 하고, 여기에 더해서 지방정부에서도 중앙정부가 투자하는 액수만큼의 금액을 투자해야 했다. "그 이후, 쉽지 않은 일이란 걸 깨달았죠." 실패한 농부에서 이 프로젝트의 첫 번째 직원으로 변신했던 헤르만센의 이야기다.

이 섬에서 그런 일이 벌어진 데는 역사적 배경이 있다. 1985년, 덴마크는 원자력 발전소를 건설하는 오래된 계획을 사실상 포기하고 재생 가능 에너지에 집중하기로 했다. 이는 다시 말해 화석 연료를 이용하는 화력 발전소를 계속 유지하면서 풍력에 집중하겠다는 것이었다. 덴마크는 온실가스 배출량을 1990년 수준보다 21퍼센트 감축하기로 한 교토 의정서의 합의 내용을 지키기로 1990년대에 결정했다.

이 결정의 결과 베스타스, 보누스(Bonus), 대니쉬윈드터빈(Danish Wind Turbine) 등 세 개 제조사가 세계적으로 업계의 선두에 서게 되었고, 화석 연료에 높은 세금을 부과함으로써 재생 가능 에너지에 제공할 보조금이 확보되었으며, 삼쇠가 2005년 이후로 소비한 에너지보다 생산한 에너지가 더 많게 된 이후 이 상태가 지속되는 세 가지 일이 일어났다. 헤르만센은 "화석 연료 소비자들이 사실상 청정 에너지 개발을 도와주는 셈이죠"라고 이야기한다.

더욱 놀라운 점은, 이 일이 삼쇠 주민들이 석유로 난방을 하고, 석탄을 때서 만든 수입 전기를 윌란(Jutland) 전력망을 통해서 공급받는 식의, 다량의 이산화탄소를 발생시키는 (우리 누구나가 잘 알고 좋아하는) 생활양식을 전혀 포기할 생각이 없는 상태에서 시작된 것이라는 사실이다.

헤르만센은 이런 태도를 바꾸고자 했다. 무료 커피와 사과주스, 어쩌면 가장 중요한 요소였을지도 모를 무료 맥주를 제공하며 주민들과 토론의 장을 만들어나갔다. 또한 철강업자들에게는 다른 사람들이 이미 참여하기로 했다고 거짓말을 해가며 지속 가능 난방 설비 설치 교육에 참여하도록 유도해서 창피를 주는 약간의 술수도 마다하지 않았다. "예, 속이긴 했죠." 그가 인정했다. 하지만 이렇게 덧붙였다. "이 일에서 철강업자들은 중요합니다. 그 시설을 설치하고 유지할 사람들이죠. 그들이 별로라고 말하면 누가 그런 설비를 구매하겠습니까?"

대부분이 농부인 섬 주민들은 처음엔 관심을 보이지 않았다. 첫 모임에는 고작 50명이 나왔을 뿐이었다. 사실 삼쇠는 동·서·남의 3면이 석탄 화력 발전소로 둘러싸인 곳이어서 전기값이 싼 곳이다. 그러나 도축장이 폐쇄되면서 주민 100명이 직장을 잃었고, 경제 상황(재생 가능 에너지 프로젝트로 인해 이 섬에서 매년 평균 30개의 일자리가 10년간 만들어졌다)과 맞물려 충분한 인원이 프로젝트에 참여하기로 하면서 일이 풀리기 시작했다.

불과 4년 뒤, 전국적으로 120개의 해상 발전기를 설치하는 시험 프로젝트의 하나로 보누스사가 건설한 2.3메가와트 용량의 해상 풍력 발전기 10기가 세워졌다. 섬의 주택 대부분이 신문지를 이용한 단열 설비를 추가하고 노후 보일러를 효율적인 나무 난로, 태양열 온수기 등으로 교체한 덕택에 화석 연료 사용은 절반으로 줄어들었다. 몇 년이 지나 풍력 발전기 21기 모두가 가동되기 시작하자, 이 섬에서 주민들이 매년 사용하는 2,600만kWh의 전기를 충당하고 매년 8,000만kWh의 전기를 수출하는 수준에 이르렀다(전력의 100퍼센트를 재생 가능 에너지로 충당할뿐더러 재생 가능 에너지를 공급한 것에 대한 보너스, 법에 따라 풍력 발전 사업자가 전력 회사와 맺은 10년 계약 덕분에 연간 800만 달러의 수입이 생겼다). 한 예로 발전기 한 기를 혼자 소유한 요운 트란베르(Jorgen Tranberg)라는 농부는 하루에 4,000달러까지도 번다.

마을의 좁은 골목길에 설치된 10여 개를 포함해서, 감자와 딸기부터 호박이나 크리스마스 트리에 이르기까지 다양한 식물이 자라는 언덕배기에 자리한 농가 바로 옆 등, 섬 어디서나 소형 가정용 풍력 발전기가 솟아 있는 모습을 볼 수 있다. 농부들은 추가 수익이 있기 때문에 이런 변화를 기꺼이 받아들였고, 아너슨(Erik Kock Andersen)은 한 발 더 나아가 카놀라를 재배해서 얻은 카놀라유를 원료로 바이오디젤을 생산해서 자신의 자동차와 트랙터의 연료로 쓰고, 남은 건 소의 사료로 사용한다. 헤르만센은 말한다. “그 사람은 동네의 석유왕인 셈이죠.”

3-2

교장이었다가 은퇴한 크리스티안 호프맨(Christian Hovmand)은 예전에 갖고 있던 태양 전지 계산기를 생각하며 태양 전지판 16개를 지붕에 설치했다. "그는 혹시 쓰는 전기가 지붕에서 만들어지는 전기보다 많으면 아마도 집안 이곳저곳을 다니며 전기 플러그를 뽑고 있을 겁니다. 그의 아내는 불쌍하게도 암흑 속에 있어야 할 거구요. 그에게는 마치 무슨 게임 같은 거죠." 헤르만센이 이야기했다.

사실 덴마크의 휴양지(매년 여름 50만 명의 방문객이 덴마크와 유럽 전역에서 이곳을 찾는다)인 이 섬에서는 재생 가능 에너지 열풍이 불고 있다. 헤르만센은 "물론 방문객이 쓰는 에너지도 전체 에너지 소비 통계에 포함된다"고 말했다. 여기에 더해 방문객 1,100명이 해상 풍력 발전기 한 곳에 투자를 했고, 그 결과 이 섬은 "방문객을 붙들어 놓는 가장 청정한 관광지"가 되었다고 덧붙였다. 보트를 타고 7번 해상 풍력 발전기를 둘러보는 상품의 가격은 1인당 30달러다.

섬 전체를 둘러보다 보면 아주 근면하면서도 비굴한 미래의 하인이 항상 주변에 있으면서 지나칠 때마다 불을 켰다 끄면서 재생 가능 에너지원을 이용해 온수와 난방을 준비해주는 듯한 느낌을 받는다. 사실 삼쇠 섬은 자신이 석유 시대의 종말을 이끌고 있는 것처럼, 실제로도 빙하기 이후 매년 몇 밀리미터씩 바다에서 솟아오르고 있는 곳이기도 하다.

현실적 관점

50미터 높이의 풍력 발전기 위에서 바람이 느껴지기는 해도, 삼쇠 섬이라고 해서 항상 바람이 충분히 불지는 않는다. 발전기 내부에 있는 6층 높이의 사다리를 기어올라가면 터빈이 장치된 방에 다다른다. 여기서는 버튼을 눌러서 지붕을 열면 바다는 물론이고 다른 풍력 발전기, 해협 건너 동 에너지(DONG Energy) 사의 석탄 화력 발전소(삼쇠의 풍력 발전기가 동작하지 않을 때도 불을 켤 수 있게 해준다)에서 내뿜는 증기가 피어오르는 모습을 내다볼 수 있다. 가끔 바람이 불지 않거나, 21개의 풍력 발전기마다 분당 1,500회 회전해야 하는 변속기가 과열로 문제를 일으켜 보수를 하느라 동작을 멈출 때면 화력 발전소에 의존해야 한다. 사실 이 사다리를 올라야 할 때는 뭔가 문제가 생겼을 때뿐이다. 변속기 한 개를 교체하는 데 드는 비용은 15만 달러다.

삼쇠에 풍부한 또 다른 에너지원도 있다. 밀과 귀리 짚이다. 주민들은 이미 수백 년 전부터 이를 소나 양, 말을 기르는 축사의 바닥에 깔았고, 지금은 노후한 석유 보일러를 대체하는 지역 난방 계획에 따라 물을 데우거나 난방용 연료로도 쓰고 있다. 곳간을 오가는 짐차가 거의 500킬로그램에 달하는 짚더미를 발렌-브룬드비(Ballen-Brundby) 보일러 시설로 옮기는데, 각각의 짚더미로 대략 석유 1배럴에 상당하는 열을 만들어내어 물을 데운 뒤 지하 수도관을 통해 주변의 260가구에 공급한다.

섬에는 이런 곳이 네 군데 있으며, 그중 섬 북단에 위치한 한 곳에서는 덴마크의 '전통적인' 초가 지붕 그림 같은 모습을 보존하려고 목재 부스러기와 태양열을 이용해서 난방과 온수를 공급하고 있다. 관광객들은 이를 이용해서 여름철에 하루 세 번 샤워를 할 수 있다.

농부이자 풍력 발전기의 큰손인 트란베르는 한 발 더 나아가 말 그대로 소젖의 온기를 채취하는 열 펌프를 만들어서 욕실용 온수를 데운다.

하지만 카테가트 해협 건너편에 위치한 석탄 화력 발전소 한 곳에서만도 삼쇠 섬에서 1년 동안 절약된 만큼의 이산화탄소를 한 달도 안 되는 기간에 발생시킨다. 미국이나 중국에 있는, 효율이 더 낮은 화력 발전소에서는 상황이 더 심각하다. 이러한 석탄 화력 발전소는 미국에만도 476곳 있다.

물론 처음에는 전기 자동차를 섣불리 도입하거나, 생물 침지기(浸漬器)가 가축 배설물이 가득 찬 늪에서 연료로 만들어줄 것으로 기대하는 것 같은 시행착오도 있었다. 헤르만센은 아직도 납-카드뮴 전지가 장착된, 푸른색과 흰색이 칠해진 시트로엥 전기 자동차를 타고 섬 여기저기를 돌아다닌다. 그는 "돌아다닐 때야 오염을 일으키지 않겠지만, 차 자체는 좋지 않다"고 말했다. 정비소에 들어가야 할 때가 너무 많다는 말도 덧붙였다.

삼쇠 섬에서는 필요한 모든 기술을 덴마크에서 조달하고자 했지만, 발전기 제조사인 보누스는 현재 독일의 거대 기업 지멘스 산하로 들어갔으며, 4,500명이던 인구도 4,000명까지 줄어들었다. "열여섯 살인 제 아들은 이곳을 떠나 코펜하겐에서 살고 있습니다. 섬이 살아남으려면 더 많은 일자리와 함께 지역 경제가 좋아져야겠지요." 헤르만센이 말했다.

헤르만센을 비롯한 다른 삼쇠 주민들은 현재 전기 자동차를 제공하는 탄소

중립적 호텔의 건립을 구상 중이다. 호텔이 세워질 부지는 바닷가에서 길만 건너면 되는 곳에 있다. 현재는 풍력 발전기가 밤에 만들어낸 전기(전기 값이 싸다)로 물을 전기 분해해서 수소를 만든 뒤, 전기 가격이 높은 낮에 다시 이를 전기로 바꾸어서 판매하는 방식의 타당성 시험이 진행 중이다. 헛간을 개조한 시설에 설치된 시험용 전기 분해 장치가 이 섬에서 가장 작은 풍력 발전기를 이용해서 우주에서 가장 가벼운 원소를 부지런히 만들어내고 있다.

전기 자동차나 아너슨이 만드는 바이오디젤만으로는 삼쇠 사람들이 여객선(이 섬과 본토를 연결하는 유일한 교통수단인 여객선만 해도 매일 9,000리터의 경유를 소비한다), 트럭, 트랙터, 자동차와 헤르만센이 재생 가능 에너지를 홍보하러 상하이를 비롯한 이곳저곳으로 다닐 때 타는 비행기가 사용하는 화석 연료를 대체할 방법이 없다. 그는 말한다. "저는 풍력 발전기에 지분도 있고, 나무를 때는 난로도, 지붕에 태양 전지도 있으므로 나름 최선을 다하고 있다고 생각합니다." 하지만 그 정도로는 그의 여행이나 삶이 완전히 탄소 중립적이라고 하기는 부족한 것도 사실이다.

사실 삼쇠 주민들이 할 수 있는 최선은 해상 풍력 발전기를 10개 설치해서 화석 연료를 사용하는 교통수단을 이용할 때 발생하는 이산화탄소만큼 다른 분야에서 탄소 발생량을 줄이는 것이다. "교통 분야에서 탄소 발생을 줄이는 게 얼마나 어려운지를 알 수 있어요." 영국 교통연구원(Transport Research Library)의 선임 경제분석관이자 정책 컨설턴트인 코 사카모토가 지적한다. "행동 양식을 바꾸는 것은 새로운 기술을 만들어내는 것보다 훨씬 어려운 일입니다."

물론 미래에 전기 자동차가 보급된다면 적어도 한 가지 커다란 변화가 있을 것이다. 바로 전기 소비량의 증대다. 삼쇠 사람들이 전혀 변하지 않은 분야가 있다면 바로 전기 소비다. 새로운 실험이 시도되는 몇 년 동안 삼쇠에서의 전기 소비량은 다양한 노력에도 불구하고 전기 히터, 컴퓨터, 어느 집에서나 찾아볼 수 있는 커다란 평면 TV 등 때문에 거의 변하지 않았다. 크리스마스 때는 집집마다 집과 나무를 장식용 전구로 밝힌다. 삼쇠에서 10여 년간 진행된 프로젝트의 보고서에 따르면 전력 소비는 1997년부터 2005년에 이르기까지 거의 변하지 않았다. 보고서는 그 이유를 "전력 소비 절감과 에너지의 효율적인 사용에도 불구하고 가정에 더 많은 전기 기기가 보급되었기 때문이다"라고 적고 있다.

헤르만센은 여기저기서 회의도 많아지고 집에는 더 많은 기기가 생겼음에도 전력 소비량은 거의 변함이 없으며, 앞으로 전자 기기가 아무리 늘어나도 상황은 다르지 않을 것이라고 본다. 게다가 그런 회의들 덕분에(직접민주주의가 강한 문화적 전통과 지역 사회의 분위기도 있다) 4,000명의 주민들이 재생 가능 에너지에 대해서 확신을 갖게 되었다. 9,000만 달러에 달하는 투자는 누구에게도 손해가 아니었다. 헤르만센은 "1인당 투자 금액이 상당히 높다"고 말한다.

헤르만센은 현재 진행 중인 회의들을 보며 코펜하겐 기후 회담을 떠올린다. 2009년 개최된 그 회담에서는 67억의 인구를 대표하는 4만 명이 모여서 온실가스를 어느 정도로 억제해야 하고, 누가 얼마만큼 감축을 감당해야 할지에 대한 합의점을 찾으려고 애를 썼다. 삼쇠 주민들의 회의와 비교해 본다면 예상했던 것이긴 하지만, 그 회담의 결과는 상당히 복합적이었다. 헤르만센은 말한다. "대규모 회의보다 몇몇 사람이 모여서 회의를 하면 좀 더 합의에 이르기가 쉽긴 합니다. 코펜하겐 기후 회담의 참석자들은 서로를 알지 못하기 때문에, 회담에서 무언가 실질적인 결론을 도출해내기가 어렵습니다. 하지만 이 회의를 시작한 뒤로 상황은 점점 안 좋아지고 있어요."

전 세계는 올해 40경BTU가 넘는 에너지를 화석 연료에서 얻고, 연간 300억 톤에 이르는 이산화탄소를 배출할 것이다. 경기침체로 인해 전망이 불투명하긴 하지만, 에너지 소비는 매년 약 2퍼센트씩 증가하고 있다. 국제에너지기구의 부국장 리처드 존스(Richard Jones)는 "경기침체 덕에 약간 숨통이 트인 셈입니다"라고 말한다. "하지만 기후 변화를 경기침체로 해결한다는 건 좋은 방법은 아니죠."

결과적으로 현재 387ppm에 달하는, 대기 중에 축적된 이산화탄소의 양은 여전히 매년 2ppm씩 늘어나고 있다. 삼쇠 주민들이 더하는 건 이제 없다. 이 섬이 보여준 재생 가능 에너지 이용 사례가 모든 곳에서 적용되긴 어렵겠지만, 문제 해결에 도움이 되는 건 분명하다.

3-3 중국에서도 힘을 얻기 시작한 풍력 발전

사라 왕

불과 5년간의 급속한 성장에 힘입어 중국은 12기가와트가 넘는, 세계에서 네 번째로 큰 풍력 발전량을 보유하게 되었다. 그러나 중국은 여전히 풍력 발전 능력을 올리기 위해 열을 올리고 있다.

일례로, '세 개의 협곡(삼협)'으로 잘 알려진 간쑤성에 있는 지우촨(酒泉) 풍력 발전소는 2020년에 이르면 발전량이 10기가와트에 이를 예정이다. 간쑤 회랑(고비 사막과 치롄 산맥, 알라샨 고원 사이에 놓인 긴 평원 지역) 지역에 건설 중인 이 풍력 발전소는 중국 정부가 승인한 대규모 발전 단지 일곱 곳 가운데 하나일 뿐이다.

2009년 《네이처》지가 분석한 바에 따르면, 지우촨 발전소는 중국 내의 다른 풍력 발전소와 함께 2030년까지는 중국의 모든 전력 수요를 충당할 수 있을 것으로 보인다. 사실 향후 20년간 9,000억 달러가 투입되어 50만 평방킬로미터에 달하는 넓이에 세워질 풍력 발전소에서 현재 중국 전력 소비량의 7배에 이르는, 거의 25PWh의 전력이 생산될 것으로 예상된다.

중국은 2008년 한 해만도 6.25기가와트 용량의 발전기를 설치했고 2020년까지 용량을 100기가와트까지 늘리기로 하는 등, 풍력 발전에 미래를 걸기로 한 것 같다. 경제성장을 담당하는 정부 부서인 국가발전개혁위원회(NDRC) 산하 에너지연구소의 부소장 리쥔펑은 "풍력 발전은 이제 시작일 뿐"이라고 말한다. 하지만 "풍력은 지난해 중국에서 새로 건설된 전력 용량의 7퍼센트에 지나지 않으며, 이는 미국의 42퍼센트나 유럽의 43퍼센트에 비하면 한참 낮다"고 덧붙였다. 현재 중국에서 풍력 발전이 전체 발전 용량에서 차지하는 비율은 고작 0.4퍼센트다.

중국의 풍력 발전소가 서서히 맞닥뜨리기 시작한 더 큰 문제는 대규모 전력망과의 연결, 낮은 품질의 발전기, 풍력 발전소의 적절치 못한 위치 등이다. 이런 문제들 때문에 많은 풍력 발전소가 아직 수익을 내지 못하고 있다.

수익성 확보

중국풍력에너지협회(CWEA)에 따르면 중국의 풍력 발전 용량은 2008년 말 12.15기가와트에서 2009년 말에는 20기가와트에 이를 것으로 예상되었다. 2008년 말 기준 전 세계의 풍력 발전 용량은 120.6기가와트다. 브뤼셀에 있는 세계풍력이사회(Global Wind Energy Council, GWEC)에 따르면 이 중 유럽이 66기가와트, 미국이 25기가와트를 차지한다.

그런데 중국 국가전력감관위원회(SERC)가 2009년 7월에 펴낸 보고서에 따르면, 중국의 풍력 발전소들은 "일반적으로 운영에 어려움을 겪고 있고, 손실을 내는 경우도 있다"고 한다. 우선, 실제 풍력 발전량이 CWEA가 처음에 예상했던 수준에 미치지 못하고 있다. 보고서는 중국의 2008년 풍력 발전 용량이 계획한 12.15기가와트에 한참 못 미치는 8.94기가와트라고 밝혔다. 정부가 발전량이 아니라 설치된 발전기의 숫자를 목표로 세우는 바람에 일부 발전기가 사용되지 않고 있다는 것이다.

현재 중국의 풍력 발전소들은 어느 곳이나 전력망과 연결하는 데 문제가 있다. 예를 들어 많은 풍력 발전소들이 간쑤성처럼 개발이 뒤처진 북부나 서부 지역에 위치하고 있는데, 이런 지역에서는 전력망이 드문드문 있기 때문에 풍력 발전이 태생적으로 갖고 있는 불규칙한 발전량을 전력망에 적절하게 연계시키기가 어렵다.

또한 생산된 전기는 사실 전력 수요가 많은, 인구가 밀집된 해안 도시까지 수천 마일에 이르는 거리를 이동해야만 이익이 발생하는데, 장거리 전력 전송 기술과 송전선 건설 자금이 부족한 현재로서는 불가능하다. 한 가지 방법은 국제적 지원을 받는 것이다. "미국도 풍력으로 만들어진 전기를 장거리 전송해야 합니다. 두 나라가 기술적으로 협력할 여지가 있어요." 1980년부터 풍력 에너지의 이용을 주장해온 CWEA 회장 허더신은 이야기한다.

미국도 전력망이 노후화되고 지역적으로 밀집되어 있다는 문제를 안고 있고, 유럽에서도 풍력 발전기를 전력망에 연결하는 일이 종종 지연된다. 하지만 GWEC의 홍보이사 안젤리카 풀렌은 기존의 전력망에 동작이 불규칙한 풍력 발전기를 연결하는 일은 "중국에서는 유럽이나 미국과는 비교도 안 될 정도로 정말 심각한 문제"라고 말한다.

NDRC의 리쥔펑은, 장기적으로 보면 전력망에 풍력 발전소를 통합시키는 일은 "별 문제가 아니다"라고 주장한다. 중국 전력망의 절반은 최근 4년 이내에 (70퍼센트는 21세기에) 만들어졌다. 새로운 기술로 개량하는 일이 어렵지 않다는 뜻이다. "풍력 발전의 증가에 맞춰서 전력망을 개선하고 새로운 전력망을 건설할 겁니다. 해낼 수 있어요." 그가 힘주어 말했다.

발전기 문제

리췬펑은 중국에서의 발전기 생산 단가가 국제 가격의 70퍼센트에 불과하다는 것을 한 가지 장점으로 들었다. CWEA에 따르면 중앙정부와 지방정부가 중국 내에 건설되는 풍력 발전소의 국산화 비율을 계속 높이도록 한 덕분에, 2008년 중국에 설치된 풍력 발전기 중에서 중국산 비율이 2007년의 57퍼센트에서 75퍼센트로 늘어났다. 예를 들어 NDRC의 2005년 규정에 따르면 국산화율이 70퍼센트가 되지 못하면 풍력 발전소를 건설할 수 없다.

하지만 중국산 발전기의 품질이 큰 문제다. 중국의 발전기 생산 업체의 대략 70퍼센트가 최근 4년 이내에 설립되었다. 허더신은 "업체들은 자신의 제품을 실제 환경에서 시험할 필요가 있어요. 특히 첫 제품이라면 더 그렇지요. 하지만 일부 업체는 그럴 시간적 여유가 없습니다"라고 지적했다. 일부 발전기는 설치가 되었는데도 동작을 하지 않고, 어떤 제품은 운용 후 몇 주 만에 터빈에 금이 가거나 깨지기도 한다.

일부 완공된 풍력 발전소는 발전에 필요한 만큼의 바람이 불지 않아 곤란을 겪기도 한다. "풍력 발전 분야는 지나치게 급속히 성장했어요. 장기적으로 성장하려면 잠시 숨을 고를 필요가 있습니다." 그가 덧붙였다.

이런 문제들에도 불구하고, 중국 정부는 2009년 7월 재생 가능 에너지 가격의 상한선을 현재의 생산 단가보다 약 10퍼센트 높은 수준인 kWh당 0.61 위안으로 정하고 풍력 발전을 계속 밀어붙이고 있다. 또한 풍력 발전소는 탄소배출권을 kWh당 6~12센트 가격으로 판매한다. 리쥔펑은 "중국의 탄소 거래 시장에서는 풍력 발전소들이 큰손"이라고 알려주었다.

신에너지와 경제개발, 기후 변화 사이의 관계는 중국이나 세계 다른 곳이나 다 마찬가지지다. 중국의 온실가스 방출을 통제하려면 풍력 발전이 아주 중요하다. 베이징 칭화대학교 환경과학 및 공학과 부교수이자 2009년 9월 11일 〈네이처〉지에 실린 논문의 공동 저자인 왕위쉬앤은 "우리 연구 결과 중국의 전력 수요를 충당하는 데 풍력을 석탄을 대신하는 주요 수단으로 삼는 것이 가능하다"고 이야기한다. "중국이 풍력을 대규모로 도입하고, 발전 업계에서 발생시키는 이산화탄소를 가까운 미래에 전부는 아니더라도 상당량 감축하는 것이 충분히 가능합니다."

4

다시 각광받는 원자력

4-1 검은 백조에 대비하기

애덤 피오레

지구 반대편에서 일어난 일본 후쿠시마 제1원자력 발전소의 폭발 사고는 조지아 주의 울창한 소나무숲 속에서 미국 원자력 발전의 새로운 르네상스를 꿈꾸며 일하던 수백 명의 작업자들에게도 영향을 미쳤지만, 그들은 여전히 목표를 향해 달려가고 있다. 수많은 불도저가 수 마일에 이르는 배관, 폭풍에 대비한 배수로를 만들고 다듬느라 울퉁불퉁한 땅 여기저기를 오가고 있다. 계획이 예정대로 진행된다면 내년 어느 때쯤이면 미국에서 25년 만에 승인된 원자로 두 개가 완공될 것이다.

이 원자로는 1979년 쓰리마일 섬(Three Mile Island) 원자력 발전소 사고 이후 사실상 신규 원자로 건설이 중단되었던 미국에서 다시금 원자력 발전소가 확산되는 시발점이라고 할 수 있다. 그 뒤로 기후 변화라는 유령이 원자력 발전소를 환경에 위협적인 존재에서 이산화탄소를 발생시키지 않는 청정에너지로 바꾸어 놓은 것이다. 조지 W. 부시와 버락 오바마 두 대통령이 모두 원자력을 지지함으로써 새 원자로가 건설될 수 있는 터전을 만들었다. 미국 핵규제위원회(Nuclear Regulatory Commission, NRC)는 수십 년 전에 지어진 104기에 더해, 조지아 주에 건설되는 2기를 포함해서 20기 이상의 신규 원자로 건설 계획을 검토 중이다.

새 원자로의 절반 이상은(조지아 주 웨인즈버러에 지어지는 보그틀 원자로 2기를 포함해서) 일본에서 일어난 것과 같은 재앙을 피할 수 있도록 설계된 '수동적' 안전 기능을 지닌 신세대 설계가 최초로 적용된 AP1000 방식이다. 사고가 발생하면 원자로는 중력·응집력 같은 자연적인 힘을 이용해서 핵연료가 과열되는 것을 막는다. 후쿠시마 원자력 발전소에는 이런 기능이 없었다.

2011년 초에는 조지아 주에 건설되는 AP1000 2기가 NRC의 최종 승인을 받아 올해 후반기에 공사에 착공할 수 있을 것으로 예상되었다. 그러나 규모 9.0의 지진에 이은 거대한 쓰나미로 인해 4기의 원자로 냉각수가 유출된 3월의 후쿠시마 사고는 대중들에게 원자력이 재앙이 될 수 있다는 공포심을 불러일으켰다. 몇 주 만에 미국에서는 원자력 발전을 지지하는 사람의 비율이 사고 전의 49퍼센트에서 41퍼센트로 줄어들어서, 원자로가 안전하게 설계되었고 사고 가능성이 거의 없을 정도로 기술이 확보되었다는 내용을 불신하고 있다는 것이 드러났다. 후쿠시마에서 일어난 사고는 위험 관리의 한계를 보여주는 사례가 되고 만 것이다.

어떤 식으로 대비를 하더라도, 사고의 영향이 아주 클 가능성은 거의 없긴 하지만 원자력 발전소에서 사고가 발생할 가능성은 항상 있다. 아주 드물게 일어나는 (특히 지금까지 한 번도 일어나지 않은) 사고는 예측하기도 어렵고, 대비하는 데 드는 비용도 많이 들뿐더러 통계적으로 바라보다 보면 무시하게 되기도 쉽다. 1만 년에 한 번 꼴로 일어나는 사고라고 해서 내일 당장 일어나지 말란 법이 없다. 통상적인 원자로의 수명인 40년 정도인 것을 고려하면, 2001년의 9·11 테러나 2005년 8월의 허리케인 카트리나, 2011년 3월의 후쿠시마처럼 설계 당시에 가정했던 조건들이 얼마든지 달라질 수 있다.

검은 백조가* 될 가능성이 있는 사건은 아주 다양하다. 원자로와 사용 후 연료 저장소는 항공기 납치범이 돌진할 잠재적 가능성이 있는 곳이다. 원자로는 혹시 폭발 사고가 일어나더라도 홍수가 나지 않도록 보통 댐 하류에 지어진다. 일부 원자로는 지진 가능성이 있는 단층대, 쓰나미나 태풍의 영향을 받는 해안에 위치하고 있다. 이런 일이 일어나면 쓰리마일 섬이나 후쿠시마에서 일어났던 끔찍한 냉각수 유출, 과열, 방사능 연료봉의 용융, 치명적인 방사능 유출 같은 일이 얼마든지 반복될 수 있다(체르노빌에서는 원자로 내부에서 폭발이 일어났다).

*발생할 확률이 거의 없는 사건.

예산의 제약을 받으면서 이런 사고에 모두 대비하기는 어렵다. 어느 전력 회사건 원자로 건설 비용을 줄이려고 애쓴다. 아무리 비용을 절감해도 원자력 발전소를 건설하려면 석탄 화력 발전소보다 메가와트당 건설비가 거의 2배에 이르고, 천연가스 발전소에 비하면 5배 가까이 된다. 건설비 차이는 저렴한 운용 비용으로 메우지만(석탄은 핵연료보다 거의 4배 비싸고, 천연가스는 10배나 비싸다) 그러려면 대규모 원자력 발전소가 아무 탈 없이 몇 년 동안 가동되어야 한다. 1970년대와 1980년에는 유지 보수와 안전 점검을 위해서 이따금씩 발전소 가동을 중지해 운영 수익이 많이 줄어들었다. 전력 사업자들은 안전성에 문제가 없도록 유지하면서도 건설 비용을 줄이고, 시스템을 보다 단순하고 신뢰성 있게 설계해서 가동이 정지되는 시간을 줄임으로써 원자력 발전소가 경쟁력을 갖도록 하려고 애쓰고 있다.

설령 엄청난 차단벽을 설치하거나, 방수가 되는 초대형 지하실에 원자로를 설치하거나, 미래를 예측하는 초능력자를 데려다 놓는다고 해도 모든 종류의 위험에서 완벽하게 보호되는 원자력 발전소를 건설하기란 불가능하다. AP1000 원자로를 설계한 엔지니어들은 물리적·재정적으로 다양한 조건의 제약을 받는 상태에서도, 사고를 막기 위한 적용 가능한 최선의 방법을 선택했다. 최종적으로 선택한 방법은 어쩔 수 없는 타협의 산물이었다. 그러나 후쿠시마 사고 이후, 사람들이 가장 많이 던지는 질문은 다름아닌 "원자력 발전소는 과연 안전한 것일까?"이다.

재앙을 막는 수동적 방어

AP1000형 원자로를 비롯해서 NRC가 검토 중인 여타 'Gen III+'형 원자로는 일본에서의 사고와는 다른 형태의 사고 가능성을 염두에 두고 설계된 것들이다. 1979년 펜실베이니아 주 해리스버그 인근의 쓰리마일 섬 발전소에서 발생한 부분적 노심 용융 사고의 원인은 자연재해가 아니라 사실상 사람의 실수 때문이었다. 엔지니어들이 몇 달에 걸쳐 찾아낸 개선 방안은 안전 관련 기능을 간소화하고 사람이 조작하지 않아도 자동으로 동작하는 냉각 수단을 여러 겹 설치하는 것이었다. 그 결과 AP1000형과 같은 Gen III+ 원자로가 탄생했다.

AP1000 내부의 냉각수는 폐쇄된 관을 따라 순환한다. 냉각수는 고압 상태에 있기 때문에, 원자로 노심 부근을 지나면서 열을 흡수하지만 증발하지는 않는다. 배관은 보조 물탱크에서 공급된 물로 냉각된다. 펌프에 공급되는 전력이 차단되면 비상용 배터리가 사용된다. 이것마저 고장나면 자연적인 힘에 의존한다. 강철로 보호된 원자로 내부의 노심 위쪽에 설치된 세 개의 비상용 물탱크에서 물이 흘러나온다.

정전이 되면 밸브가 열리면서 노심과 탱크 사이의 압력과 온도 차이로 인해 탱크에 들어 있는 차가운 물이 흘러나와 원자로의 연료봉을 식힌다. 필요한 경우에는 콘크리트 외부에 설치한 거대한 네 번째 탱크에 저장된 물을 원자로 외벽에 뿌린다. 이 물이 증발하면서 원자로를 식히는 것이다. 원자로 내부에서는 노심에서 가열된 증기가 위로 올라가 냉각된 천장 부위에 닿아 응축되며 다시 물이 되어 노심으로 떨어진다. 웨스팅하우스사의 최고 기술담당 임원이었던 하워드 브루쉬(Howard Bruschi)는 네 번째 탱크의 저수 용량은 사흘 동안 쓸 수 있는 양인 79만 5,000갤런에 달해서 연결된 호스를 통해 물을 보충할 수 있다고 말한다. 통풍구를 통해 주입되는 외부 공기는 강철 보호막을 냉각시키는 효과가 있다.

이런 안전 장치들의 장점(AP1000이 이전의 원자로보다 개선된 점이기도 하다)은 인간의 개입이나 전력 공급이 없어도 동작한다는 데 있다. 이 방식을 지지하는 사람들은 정전이 발생했던 후쿠시마에(외부에서 공급되는 전력과 내부에 설치된 비상용 발전기 모두 정지해서 냉각 펌프가 동작하지 않았다) 이런 장치가 되어 있었다면 문제가 그처럼 커지지는 않았을 것이라고 주장한다. 안전 장치가 불과 며칠만 동작했었더라도 발전소 직원들이 전력을 복구할 시간을 벌 수 있었을 것이다.

이 시스템이 노심의 용융과 대기 중으로의 방사능 누출을 막을 수 있을지는 논란거리다. Gen III+ 방식을 지지하는 사람들은 이 방식이 기존에 미국에서 가동 중인 104개의 원자로보다 적어도 10배는 안전하다고 주장한다. 보다 조심스런 태도를 보이는 엔지니어들도 있다. 아르곤국립연구소의 원자력공학부 부장 후세인 S. 칼릴(Hussein S. Khalil)은 "Gen III+ 원자로가 자연적인 방법을 통해서 기존 방식을 개량한 것과 같은 수준의 안정성을 확보했다고 말해야 정확한 표현이라고 할 수 있다"고 말한다.

비영리 단체인 참여과학자연맹(Union of Concerned Scientists) 소속의 산업 비평가 에드윈 라이먼(Edwin Lyman)은 이조차도 인정하지 않는다. 그는 웨스팅하우스의 AP1000과 제너럴일렉트릭의 ESBWR(이것도 새로운 설계다) 원자로에 비용 삭감을 위해 적용된 설계 항목을 지적한다. 라이먼이 가장 우려하는 것은 강철 보호막과 AP1000 격납 용기를 둘러싼 콘크리트 외벽의 강도다. 후쿠시마에서 엔지니어들은 노출된 연료봉을 식히려고 물을 원자로 내부에 주입하면서, 혹시 증기의 압력으로 수소가 폭발하지 않을까 계속 우려했었다.

AP1000 격납 용기는 충분한 안전성을 확보하고 있지 않다고 라이먼은 지적한다. 그가 원자로 격납 용기의 용적을 (결국 어느 정도의 압력을 견디는지를) 판단하는 근거로 사용하는 기준 중의 하나는 원자로의 출력과 격납 용기 부피 사이의 비율이다. 전력회사들이 원하는 만큼의 전력을 생산하지 못해서 단종된 이전 모델인, 웨스팅하우스사의 AP600의 경우에는 이 비율이 대략 1메가와트당 885입방피트(가동 중인 대부분의 가압 경수로형 원자로와 비슷한 수준)였다.

그러나 AP1000 모델에서 원자로의 발전 용량을 1,100메가와트로 늘렸는데도 격납 용기의 크기는 이에 비례해서 커지지 않았다. 라이먼은 이 비율이 오히려 1메가와트당 605입방피트로 줄어들었다고 이야기한다. 그는 격납 용기와 외벽이 "건설비가 높은 부분"이라고 덧붙였다.

웨스팅하우스의 브루쉬는 AP1000의 설계가 여전히 NRC가 요구하는 규제 수준을 만족시킨다고 반박했다. 그는 격납 용기 내에서 심각한 사고가 나도 수동 시스템에서 추가된 냉각 장치들이 내부 압력을 줄여줄 것이라고 했다(여러 원자력 엔지니어들도 여기에 동의한다). 하지만 라이먼은 격납 용기 내부의 압력이 대부분의 원자력 엔지니어들이 예상하는 수준 이상으로 점차 상승하는 상황을 우려한다.

라이먼이 긍정적으로 평가하는 방식은 독일과 프랑스 회사들이 유럽 당국과 협의해서 만들어 현재 NRC가 검토 중인 프랑스 아레바(Areva)의 EPR*이다. 이 모델에서는 수동적 안전 장치 대신 디젤 발전기 네 대와 두 개의 보조 발전기가 각각 원자로 맞은편에 위치한 별개의 방수 건물에 설치된다. 아레바 원자로서비스사업부의 기술담당 부사장 마티 파어스(Marty Parece)는 그렇게 하면 모든 발전기가 동시에 고장날 확률이 아주 낮아진다고 설명한다. 설령 발전기가 모두 고장나더라도 EPR에는 더 두꺼운 이중 벽으로 된 격납 빌딩과 노심 포집기(녹아내린 노심을 '잡아서' 가두고 중력을 이용해서 물로 씻어내는 장치)가 설치되어 있다. 이 장치는 노심의 용융을 막고, 방사능이 있는 노심이 바닥으로 흘러내리는 것도 막는다.

*유럽형 경수로.

안전과 비용

원자력 발전소 설계자들은 상상 가능한 모든 종류의 재난으로부터 원자로를 충분히 보호할 만한 여력이 없다. 설계할 때는 여러 가지 시나리오를 염두에 두어야 한다. 문제는 예상되는 사고의 종류에 따라 대응 방법이 달라지고, 때로는 한 가지 문제에 대응하기 위해 적용하는 기술이 다른 경우에 방해가 되기도 한다는 것이다. 아마도 AP1000의 수동적 안전 방식 설계에 가장 비판적이면서 위협이 되는 인물은 NRC의 수석 구조 엔지니어인 존 마(John Ma)일 것이다. 2009년 NRC는 9·11 테러를 계기로 안전 규정을 바꾸어, 모든 원자로가 항공기에 의한 직접 공격으로부터 안전할 수 있도록 설계되어야 한다고 발표했다. 이 규정을 만족시키기 위해 웨스팅하우스는 원자로 건물의 콘크리트 벽을 강철판으로 둘러쌌다.

1974년 NRC가 설립되었을 때부터 위원이었던 마는 지난해 처음으로 NRC가 승인한 설계에 반대 의견을 냈다. 마는 일부 부위의 강철판이 부서지기 쉬워서 항공기 충돌이나 폭풍우에 날아온 물체가 벽을 부술 가능성이 있다고 주장했다. 웨스팅하우스가 고용한 토목 전문가들은 이에 동의하지 않았다. 설계를 승인한 NRC의 원자력발전안전규정자문위원회 소속의 여러 전문가들도 마찬가지였다.

더 안전해 보이는 다른 혁신적인 설계들도 있다. 현재 개발 중인 Gen Ⅲ+ 페블 베드 원자로(pebble-bed reactor)는 물 대신 가스를 이용해서 핵연료의 열을 제거하며, 방사능 물질이 포함된 테니스 공 크기의 흑연 수천 개를 이용한다. 흑연은 핵분열의 속도를 늦추어서 노심이 과열되지 않도록 하며, 냉각 가스는 증기로 변하는 물에 비해 폭발 위험이 낮다. 출력이 낮은 여러 가지 다른 방식의 소형 모듈 원자로도 대형 원자로에 비해 가격이 낮으면서 열을 덜 방출하므로 냉각이 용이하다는 장점이 있다.

대부분의 원자력 전문가들은 웨스팅하우스가 안전과 비용 사이에서 적절한 균형을 찾았다고 보며, 격납 구조가 대부분의 사고에도 안전할 것이라고 판단하고 있다. 엔지니어들은 결국 안전과 비용 사이에서 최적의 균형을 찾아야만 하는 사람들이다.

상상력 부족

후쿠시마에서의 사고는 어떤 방식의 설계를 선호하느냐의 문제를 떠난 질문을 던진다. 이런 재앙이 일어났던 이유 중 하나는 설계를 맡은 사람들이나 규제 당국 모두 상상력이 부족했다는 데 있다. 후쿠시마 원자력 발전소는 규모 8.2의 지진에 견딜 수 있도록 만들어졌고, 실제로는 규모 9.0까지도 견딜 수 있었다. 또한 18.7피트(약 5.7미터) 높이의 쓰나미에도 견딜 수 있도록 지어졌지만, 이때 닥쳤던 쓰나미의 높이는 46피트(약 14미터)였다. 과거에 이처럼 거대한 쓰나미가 없었던 것은 아니다. 캘리포니아 주 먼로파크에 위치한 미국 지질측량국 지진과학센터의 소장 토머스 브로셔(Thomas Brocher)는 비슷한 규모의 지진과 쓰나미가 서기 869년에 있었다고 지적한다. 엔지니어들이 설계 단계에서 적절한 기준을 잡는 데 실패하면 원자로건, 교량이건, 고층 빌딩

이건 모든 것이 수포로 돌아간다.

이런 심각한 오류가 미국에서 일어날 가능성은 낮아 보인다. NRC의 대변인 브라이언 앤더슨(Brian Anderson)은 NRC 규정에 발전소는 지금까지 알려진 것보다 더 큰 홍수, 쓰나미, 지진을 견딜 수 있어야 한다고 알려주었다. 과거 10만 년 동안 해당 지역에서 일어났던 가장 큰 지진이 기준이 된다. NRC의 상담역이자 캘리포니아주립대학교 버클리 캠퍼스의 지진공학 전문가인 보지다르 스토야디노비치(Bozidar Stojadinovic)는 여기에 추가 여유분을 고려해서 이보다 1.5~2배 정도의 지진에 견딜 수 있도록 설계한다고 설명했다.

하지만 생각해보면 공학적으로 대비할 수 있는 수준이란 결국 우리가 예상할 수 있는 범위까지일 뿐이다. 지진학자들은 계속해서 지진의 새로운 위험성을 찾아내고 있다. 수십 년 전만 해도 지진이나 쓰나미가 태평양 쪽의 미국 북서부 해안을 덮칠 가능성은 거의 없는 것으로 여겨졌다. 당시 과학자들은 그 지역에서 연필향나무가 1,700년 전에 사라졌고, 그 이유로 그해에 지진이 있었고 일본에서 비슷한 시기에 쓰나미가 있었다는 기록을 찾아낸 것을 들었다. 지질학자들은 분석을 통해 규모가 9.0에 이르는 지진이 북쪽으로는 밴쿠버 섬부터 남쪽으로는 캘리포니아 주 북부까지 영향을 미쳤다는 사실을 밝혀냈다. 이 지역에는 두 곳의 원자력 발전소(오리건 주와 캘리포니아 주 북부에 하나씩)가 있었는데 지금은 모두 폐기되었다.

미국 동부 해안에서는 지진이 거의 일어나지 않기 때문에 이 지역에서는 지진 관련 연구도 활발하지 않다. 하지만 뉴욕 시 북쪽에 있는 인디언포인트

발전소는 미국 전체 인구의 6퍼센트가 거주하는 지역에서 50마일 이내의 거리에 위치해 있다. 다른 어느 발전소보다도 높은 비율이다. 보스턴칼리지의 지진학자 존 에벨(John E. Ebel)의 설명에 따르면, 지진학자들도 이 지역에 있는 단층 가운데 어떤 곳에서 지진이 일어날지, 일어난다면 어떤 식으로 상호작용을 할지 예측하지 못하고 있다. 2008년의 한 연구에서는 그동안 움직임을 보이지 않았던 소규모 단층 여러 개가 대규모 지진을 일으킬 수도 있다는 사실이 밝혀지기도 했다.

서든캘리포니아대학교 공과대학 교수이자 지진이 원자력 발전소에 미치는 영향에 관한 전문가인 나지 메슈카티(Naj Meshkati)는 후쿠시마에서의 사고가 "새로운 인식"이 필요함을 보여주는 사례라고 지적한다. "현재는 설계가 기본적으로 가능성이 없는 상황을 가정해서 이루어지고 있어요. 엔지니어들이 지금까지 일어나지 않았던, 극히 가능성이 낮은 상황에 대비한 설계를 하기란 쉽지 않습니다." 이런 불확실성 때문에 설계에서 안전 여유분을 두 배 정도 확보하는 것이 과연 충분한지를 확신하기란 불가능에 가깝다.

한편, NRC의 원자로안전자문위원회 위원인 마이클 코라디니(Michael Corradini)는 인공물은 태생적으로 지진에 100퍼센트 안전하게 견딜 수 없다고 이야기한다. "결국 설계의 목적이 무엇인가와, 사회가 이를 이해하고 안전수준을 받아들일 것인가의 문제"라는 것이다.

어느 정도로 안전해야 충분하다고 할 수 있을까? 그 대상이 원자력 발전소인 경우에는 다양한 대책을 비롯해서 어느 정도의 위험까지 감수할 생각이 있는지도 심각하게 고려해야 한다. 에너지부의 통계에 따르면 석탄이 미국에서 생산되는 전력의 절반과 이산화탄소 발생의 80퍼센트를 차지하고 있다. 원자력 발전은 전력 생산의 20퍼센드를 차지하면서 이산화탄소는 발생시키지 않는다. 2000년 비영리 단체인 청정대기태스크포스(Clean Air Task Force)가 발표한 연구 결과에 따르면 북동부의 석탄 화력 발전소 단지 두 곳에서 방출되는 오염물질이 천식 환자 수만 명, 상기도염 환자 수십만 명과 연관이 있고, 이로 인해 연간 70명의 사망자가 발생한다. 천연가스는 오염 물질을 덜 발생시키지만, 일부 가스 추출 방식은 인간과 환경에 위험하다는 증거가 점차 쌓여가고 있다.

일본에서 일어난 사고로 인해 일부 신규 원자로 건설이 지장을 받을 수 있지만, 지구 온난화에 대한 우려와 에너지에 대한 끝없는 수요는 결국 원자력 발전을 배제하기 어렵게 만들 것이다. 에너지부 장관 스티븐 추(Stephen Chu)는 오바마 대통령이 83억 달러에 이르는 조건부 융자를 승인한 뒤, 2010년 2월 공개적으로 AP1000 원자로를 지지하는 발언을 했다. 추는 "조지아 주의 보그틀 프로젝트를 통해서 미국이 원자력 기술에서 다시 선두에 오를 수 있다"고 주장했다. 그간의 기록도 이러한 주장을 뒷받침한다. 쓰리마일 섬에서의 사고로 엄청난 우려가 있었지만, 실제로 인명 피해는 하나도 없었다. 물론 과거의 기록만을 갖고 아직까지는 일어나지 않았지만 언젠가 일어날지도 모르는 상황을 판단할 수 없긴 하다.

4-2 원자력 발전은 살아남을 수 있을까?

매튜 월드

끔찍이 덥고, 습하고, 고요한 워싱턴 D.C.의 전형적인 어느 여름 날, 기자들이 시내의 한 호텔로 모여들었다. 물론 이 호텔의 에어컨이 좋아서 모인 건 아니다. 창문도 없는 커다란 회의실은 사람들로 가득 찬 데다 TV 방송국이 설치한 조명 때문에 더 더웠다. 우리는 원자력 발전의 제 2막을 열기 위해 바삐 움직이고 있던 마이클 J. 월러스(Michael J. Wallace)를 기다리고 있었다.

꼼꼼하지만 순발력이 뛰어난 사람이라고는 하기 어려운 월러스는 호텔에 도착하자 땀에 젖은 기자들을 바라보며 미소를 지었다. "오늘 같은 날씨야말로 배기 가스 없는 새로운 전기의 필요성을 절실하게 알려주는 겁니다." 그는 바로 대책을 마련하지 않으면 정전 사태가 일상적인 일이 될 것이라고 말했다.

정장에 넥타이를 매고서 더위를 즐기는 것처럼 보이던 월러스는 자신의 회사인 유니스타원자력에너지(UniStar Nuclear Energy)가 컨스털레이션에너지(Constellation Energy)와 유럽의 원자력 컨소시엄 아레바와 함께 미국을 비롯한 각지에서 새로운 형태의 원자력 발전소를 건설하는 것을 고려 중이라고 발표했다. "원자력 발전소 개발의 마지막 단계에 제가 기여한 바를 자랑스럽게 여기며, 사업에 참여하게 되길 바란다"고 말하는 그의 모습은 마치 과거에 달에 다녀왔던 나이 먹은 우주인이 다시 한 번 달에 가고 싶어 하는 모습을 연상시켰다.

이 행사가 있었던 해는 2006년이었다. 그 이후 월러스는 워싱턴 남쪽 45마일 지점에 세우던 새로운 원자로 건설의 진전 상황을 가끔씩 공개했다. 이 원자로는 1973년 이후 미국에서 최초로 지어지는 것이었다. 월러스는 미국에서 1987년 마지막으로 완공된 원자로인 일리노이 주의 원자력 발전소 두 곳의 건설을 성공적으로 착수하면서부터 알려지기 시작했다. 마치 달에서 새로 사진을 찍는 일과 마찬가지로 35년 동안이나 없었던 신규 원자력 발전소 발주가 불가능한 일은 아니지만, 그리 확실하다고도 하기 어렵다. 그는 그간의 기술적 진보 덕택에 그 일이 이번에는 가능할 것이라고 이야기했다. 하지만 달 착륙 프로젝트 못지않은 규모의 프로젝트에는 당연한 질문이 뒤따르게 마련이다. 과연 그럴 만한 가치가 있는 프로젝트인가?

월러스의 회사를 비롯한 여러 회사가 그렇다고 이야기한다. 발전소 제작 회사들은 NRC의 안전담당 엔지니어들에게 새로운 설계를 제출했고, NRC는 이 중 몇 가지를 이전에 허가한 부지에 건설한다는 조건으로 승인했다. 전력 회사, 원자로 제조사와 건설/엔지니어링 회사들이 발전소 건설을 위한 협약을 맺고 최종 승인이 나기를 기다리고 있다. 업계와 정부는 원자로 건설이 급증할 것이라는 장밋빛 전망을 내놓았다.

하지만 경쟁력 확보는 쉽지 않은 문제다. 한 예로, 미국에서 새로 지어지는 많은 발전소는 거대한 독점 회사가 아니라 독립적으로 전기를 판매하려는 '상업용 발전소'들이다. 20년 전에는 전력 회사들이 스스로 발전소를 짓고는 달리 선택의 여지가 없던 고객들에게 비용을 전가했기 때문에 아무리 건설 비용이 많이 들어도 별로 문제될 것이 없었다. 그러나 텍사스·매릴랜드·뉴욕 주에서 발전 사업을 전력 전송 및 배전 사업과 분리하기 시작하면서 발전사업자가 수익 계산을 잘못하면 손해를 복구하기가 어렵게 되어 버렸다. 이런 발전소들은 시장에서 형성되는 가격대로 전기를 판매하는 것 말고는 다른 방법이 없다.

원자로가 최신 기술을 이용한다지만, 이는 석탄이나 천연가스 화력 발전소도 마찬가지이기 때문에 미래의 수익을 예상하기가 매우 어렵다. 특히 천연가스 화력 발전소는 초기 투자 비용이 훨씬 적게 들기 때문에 원자력 발전소 건설 자금을 저금리로 빌려오기 힘든 경우에는 굉장히 큰 차이가 난다. 게다가 천연가스 화력 발전소는 건설하는 데 6~8년이 걸리는 대형 원자로와 달리 3~4년 만에 소규모로 건설할 수 있다.

원자력 발전소에 이용되는 기술을 개량할 때는 연간 가동률이 90퍼센트가 넘도록 하고, 원자로의 수명을 60년 이상으로 늘리는 것처럼 무엇인가를 극적으로 개선하려고 한다. 오늘날 운용되는 원자로는 완공 직후의 가동률이 60퍼센트 정도이고 수명은 40년 정도로 예상된다. 그러나 전력 회사들은 이미 대규모 태양열 발전 사업자와 장기 계약을 맺고 있으며, 풍력 발전도 놀라운 속도로 경쟁력을 확보하고 있다. 날씨에 의존해야 하는 이런 기술들은 실제 가동 시간은 더 짧지만 연료비나 사용한 연료의 처리 같은 문제가 없기 때문에 여기서 생산되는 전기의 가격은 원자력 발전의 입지를 좁힐 가능성이 충분하다.

어쩌면 더 중요한 질문은 원자력 발전이 맞닥뜨리게 될 전기 시장의 상황일 것이다. 이미 일부 주에서는 전등, 펌프, 전화기를 비롯한 모든 전기 기기를 전력 소모가 적은 새로운 기종으로 교체하는 방식을 통해서 전기 소비율 증가를 0으로 만들려는 목표를 갖고 있다. 전기 소비가 증가하지 않는다고(야심찬 계획이긴 하다) 해도, 노후 발전소를 대체하는 신규 발전소는 계속 필요하겠지만 수요는 제한적일 것이다.

누가 보아도 발전소를 새로 짓는 것보다는 전기 수요를 줄이는 편이 훨씬 쉽다. 에너지 보존 및 재활용 담당 부장관이었던 댄 라이처(Dan W. Reicher)는 기업들이 kWh당 20~30센트 가격으로 전기를 생산하는 태양 전지 패널에는 투자를 하겠지만, kWh당 4센트에 전기를 얻는 것과 마찬가지인 발전소 유지보수는 무시하고 있다고 지속적으로 불만을 토로했다.

미래에 어느 정도의 전력 수요가 추가로 있을지는 아주 알기 어렵다. 일부에서는 수천만 대의 플러그인 하이브리드 자동차나 전기 자동차가 보급될 것이고, 이 자동차들이 하루 평균 30~40마일 정도를 주행하며 매일 10kWh씩의 전기를 쓰게 될 것이라고 이야기한다. 그렇다면 전기 수요가 많이 늘어나겠지만, 과연 이런 자동차들이 그만큼 보급될지는 미지수다. 전기 자동차가 수백만 대 판매된다 하더라도 대부분의 자동차는 심야에 충전을 할 것이므로 시간대에 따른 가정의 전기 소비량은 지금처럼 낮에는 많고 밤에는 줄어드는 양상과는 많이 달라지게 될 것이다. 그렇게 되면 전기 소비가 하루 24시간 큰 기복이 없는 형태로 변화할 것이므로 원자력 발전처럼 대규모 자본이 투입되어야 하긴 해도 하루 종일 한계비용이 적게 드는 발전 방식이 유리해진다. 결국 건설에 6~8년이 걸리는 대규모 발전소를 고려하는 전력 회사의 입장에서는, 발전소가 완공된 시점에서의 전력 수요를 정확하게 예측하기 어렵다면 원자력 발전을 선호하게 될 것이다.

미래의 이산화탄소 규제도 상황 예측을 더욱 어렵게 만든다. 정부는 탄소 배출량에 따른 고정 세율의 세금, 또는 사실상 배출에 벌금을 부과하는 것과 마찬가지라고 할 수 있는, 탄소 배출 총량을 제한하고 배출권을 거래하는 제도를 심각하게 고려하고 있다. 어느 쪽이건 미래의 가격을 예측하기란 어렵다. 탄소배출권 거래를 먼저 시작한 유럽의 경우를 보면, 탄소배출권 시장은 굉장히 변동이 심한 모습을 보였다. 경제학자들은 이런 시스템이 결과적으로 이산화탄소 배출량 1톤당 수십 달러가 추가되는 셈이라고 예상한다. 1톤당 10달러가 추가되면 소비자가 지불하는 전기 가격은 1kWh당 1센트 정도 상승한다. 새로 건설한 석탄 화력 발전소에서는 보통 6~7센트에 전기를 생산하므로, 이산화탄소 배출량 1톤당 20~30달러가 부과되면 원자력 발전처럼 이산화탄소를 배출하지 않는 발전 방식이 굉장히 유리해진다.

이따금씩이긴 하지만 원자력 발전은 사실상 활력을 얻고 있다. 원자로마다 다르게 지어졌던 과거와 달리 '머리부터 발끝까지' 똑같은 형태로 발전소를 표준화해서 과거보다 승인과 제조에 훨씬 짧은 시간이 걸리도록 하자는 것이 월러스의 생각이다. 엔지니어와 건설 기술자들이 팀을 이루어 똑같은 발전소를 여기저기에 건설한다는 것이다. 마치 키트로 된 가구를 조립하듯이 말이다. 대량생산까지는 아니어도 적어도 연달아 같은 제품을 생산하는 편이 하나뿐인 물건을 만드는 것보다 비용이 적게 든다는 생각은 업계 어디에서나 공감을 얻고 있다. 제너럴일렉트릭 에너지기반시설사업부의 CEO인 존 크레닉키(John Krenicki)는 개별 발전소마다 다른 방식으로 건설해서는 절대로 가격 경쟁력을 확보하지 못할 것이라고 주장한다.

월러스의 생각은 받아들여지고 있는 것으로 보인다. 표준화에 따른 첫 번째 원자로가 워싱턴 45마일 남쪽에 있는 컨스털레이션 에너지의 칼버트 클리프스(Calvert Cliffs) 원자로 2기 옆에 추가로 건설될 계획이다. 2008년 7월, 중서부의 대형 전력 회사인 아메렌UE(AmerenUE)가 이 원자로 건설을 신청했다. 그 밖에도 여러 곳이 대기 중이다. 펜실베이니아 주에 한 기, 뉴욕 주 북부에 한 기, 아이다호 주에 한 기, 텍사스 애머릴로에 두 기 등이다. 이들은 모두 합작사인 유니스타가 지역 전력 회사 또는 발전 회사와 협력하여 건설할 예정이다. 유니스타는 아직 정확한 가격을 공개하지 않았지만, 최근에 한 회견에서 월러스는 표준 원자로의 (이자를 고려하지 않은) '순 건설 비용'이 킬로와트당 4,000~6,000달러 사이일 것이라는 연구 결과를 언급했다. 그는 아마도 6,000달러에 가까울 것으로 예상했다. 최신형 석탄 화력 발전소의 건설 비용은 킬로와트당 3,000달러 수준이지만, 이산화탄소 배출에 따른 추가 비용과 이산화탄소 포집 시설에 필요한 비용을 고려하면 가격이 많이 올라간다.

새 원자로를 계속해서 짓는다는 아이디어는, 1980년대에 엄청난 초과 비용 때문에 발전소가 완공된 지 불과 몇 년밖에 안 된 1990년대 초반에 가동

정지에 이르러 몇몇 고객사가 파산한 원자력 발전 설비 업계로서는 놀랄 만한 전환점이다. 이 아이디어를 지지하는 사람들은 오늘날 에너지 기업들이 재정적 위험 부담을 이미 감당한 신기술과 절감된 건설 비용의 혜택을 보고 있으며, 천연가스의 경우에서 보이는 것과 같은 향후 연료 가격의 변동이나 석탄에 부과되는 탄소세의 변화에도 안정적으로 대응할 수 있다고 이야기한다. 결과적으로 아무도 수십억 달러에 이르는 원자로 건설 비용을 지불하지 않았음에도, 미국 기업들은 수천만 달러를 투자하면서 원자력 발전의 가능성을 확인하려고 연구를 진행하고, 면허를 획득하려 하고 있다. 월러스는 "저로서는 예전에 언젠가 봤던 것 같은 장면입니다"라고 이야기한다.

청정 석탄보다 오히려 높은 가능성

아무도 놀라지 않겠지만, 원자로 건설 계획에는 비용이 많이 든다. 유럽형 가압 경수로(EPR)라고 알려진, 유니스타의 표준형 원자로 1호기가 현재 핀란드 올킬루오토에서 건설 중이다. 이 프로젝트는 건설 초기에 불거진 품질 관리 문제로 인해 예정보다 늦어졌고 예산도 초과한 상태다.

비용 측면에서 원자력 발전을 비관적으로 보게 하는 다른 요소도 있다. 전력 사업자들은 플로리다 주에 제출한 서류에서 송전과 이자 비용을 포함해 킬로와트당 8,000달러의 건설비가 들 것으로 예상했다. 건설에 필요한 철강, 콘크리트, 인건비 모두가 상승했으며, 최근의 금융위기로 인해 건설 자금 융자 이자 비용도 올라서 비단 원자력이 아니더라도 발전소의 건설비는 상승했다.

원자로가 비용 측면에서 적절한 선택인지는 환경친화적 기술을 갖춘 다른 발전 방식과 어떤 식으로 비교하느냐에 따라 달라진다. 자체적으로 이산화탄소 포집 기능을 갖춘 석탄 화력 발전소를 생각해 볼 수 있지만, 퓨처젠(FutureGen)으로 알려진 시범 발전소는 건설이 중단되었다.

일리노이 주 매툰에 건설될 예정이던 퓨처젠은 공공 분야와 민간 분야가 결성한 컨소시엄이 추진한 것이었다. 산소가 적은 상태에서 석탄을 연소시켜 수소와 일산화탄소를 만들어낸다. 수소는 다시 연료로 사용해서 발전을 하고, 일산화탄소는 이산화탄소로 변환시켜 지하에 주입한다. 이 과정에서 유일하게 배출되는 것은 물뿐이다. 하지만 국제 원자재 가격이 상승하면서 발전소도 비용이 증가하게 되었다. 2008년 초에는 미국 에너지부가 컨소시엄에서 탈퇴했다. 현재는 중국에서만 그린젠이란 이름으로 이 방식을 추진하고 있지만, 전망은 마찬가지로 불투명하다.

에너지부는 변환된 핵연료를 사용하고 보다 관리가 용이한 폐기물을 만들어내는 4세대 기술인 Gen IV 원자로 기초 작업을 계속하고 있다. 이 밖에도 탄소 배출량이 적은 석탄 기술도 연구하고 있다. 위스콘신 주 플레즌트 프레이리에서는 에너지전력연구소(Electric Power Research Institute)와 위스콘신 일렉트릭(Wisconsin Electric) 사가 암모니아에 기반한 화학 물질을 이용해서 굴뚝의 이산화탄소를 포집한 뒤 격리하는 기술을 시험 중이다. 하지만 이 시험이 성공한다 해도 발전소에서 배출되는 가스의 1퍼센트를 약간 넘는 양만을 처리할 수 있다.

국가공익규제기구위원연합(National Association of Regulatory Utility Commissioners) 회장인 마샤 스미스(Marsha H. Smith)는 "환경적 관점에서 보면 현재 석탄을 때는 기술은 필요한 수준보다 15년에서 20년 정도는 뒤쳐져 있다고 볼 수 있다"고 이야기한다. 핵심은, 원자력 발전이 높은 비용이나 독성이 있는 방사능 폐기물 같은 명백한 단점이 있긴 해도, 적어도 이산화탄소에 관한 한 석탄보다는 훨씬 뛰어나다는 사실이 이미 입증되었다는 점이다.

풍력·태양열보다 신뢰할 만한 원자력

현재 가장 빠르게 성장하는 청정 에너지원은 풍력이다. 미국풍력에너지협회(American Wind Energy Association)는 2008년 9월, 보조금과 주마다 요구하는 할당량에 힘입어 설치된 발전 용량이 2만 메가와트에 이르러 2006년의 2배에 이른다고 발표했다. 하지만 풍력 발전기가 1년 중 실제로 가동되는 시간은 원자력 발전에 비해 현저하게 짧다. 1만 메가와트의 풍력 발전기가 생산하는 전기의 양은 1,000메가와트짜리 원자로 2~3기에서 만들어지는 수준에 불과하다. 바람은 아무때나 쓸 수 있는 것이 아니기 때문에(원할 때 발전할 수 있는 것이 아니라 바람이 불어줘야만 발전이 가능하므로) 풍력 발전이 언제나 발전이 가능한 발전 방식을 과연 얼마나 효율적으로 대체할 수 있을지는 미지수다.

반면 태양열은 훨씬 예측 가능하고, 에너지 저장 기술을 이용하면 흐린 날이나 일몰 후 전력 수요가 많은 시간에도 어느 정도 발전이 가능하다. 현재는 태양열을 거울로 반사해서 물이나 광유를 덥히는 방식이지만, 이보다 훨씬 높은 온도로 가열하고 단열된 탱크에 며칠까지 저장이 가능한 용융염을 이용하는 방법도 시제품이 만들어져 있다. 몇몇 회사는 대규모 태양 전지 패널을 이용해서 바로 전기로 바꾸는 방식을 개발 중이다.

그러나 일반적으로 대규모 태양열 발전소와 풍력 발전소(가장 비용이 적게 드는 방식)는 사막이나 외딴 산 정상, 아니면 고원 지대처럼, 전기 수요가 많은 인구 밀집 지역에서 멀리 떨어진 곳에 건설된다. 그러므로 송전선을 추가로 건설해야만 한다. "엄청난 양의 전기를 보내야 합니다." 미국에서 가장 큰 전력 회사 중 하나인 엑셀론(Exelon) 회장 존 로는 지적한다. "정말 거대한 송전선이 있어야 돼요. 가까운 미래에 그럴 일은 없을 거라고 봅니다." 사실 에너지부의 최근 연구는 풍력 발전으로 2030년 미국 전력 수요의 20퍼센트를 감당할 수 있지만, 새로운 송전선 건설에 600억 달러 이상이 필요하다고 결론지었다. 원자로는 전력 수요 지역에 훨씬 가깝게 건설할 수가 있어 기존의 전력망에 연결하는 비용도 훨씬 적게 든다.

원자력의 경쟁자는 개선되는 에너지 효율

원자력이 맞닥뜨린 강력한 경쟁자 중 하나는 에너지 효율이다. 온실가스 감축 필요성에 따라 개선된 에너지 효율은 더 높아진 생활수준을 원하는 인구 증가에도 충분히 대응해왔기 때문에 원자력 발전의 필요성을 반감시킨다.

2007년 12월, 컨설팅 회사 매킨지&컴퍼니는 공짜를 넘어서 오히려 수익이 발생하는 방식으로 관리만 잘 해도 미국에서의 온실가스 배출을 11퍼센트 이상 감축할 수 있다고 분석했다. 보고서는 이런 "음의 수익이 발생하는" 방식은 별다른 기술이 필요하지도 않다고 주장했다. 또한 약간의 비용이 드는 효율 개선을 통해서 추가로 17퍼센트 감축이 가능하다고 지적했다.

유명한 효율성 전문가인 아모리 로빈슨(Amory Lovins)은 오래전부터 이런 방식이 "누군가가 아무런 대가 없이 사주는" 소위 공짜 점심보다도 더 좋은 방법이라고 주장했다. 하지만 실제로 이 방식이 적용되는 경우는 거의 없다. 한 가지 이유는 많은 경우 효율성이란 것이 해야 할 일 중에서 우선순위가 낮다 못해 할 일 목록에 들지조차 않기 때문이다. 예를 들어 고효율 에어컨은 일반적인 에어컨보다 가격이 비싸지만, 설치 후 1~2년 지나면 그동안의 에너지 절감을 통해서 비용이 회수된다. 하지만 에어컨 구매자들은 여기에 별 관심을 두지 않는다. 특히 자신이 건물주이거나 집주인이어서 전기료를 직접 내지 않는 경우라면 더더욱 그렇다.

일부 방법을 쓰려면 편리함(게으름이라고도 할 수 있겠지만)을 희생해야 한다. 많은 가정용 기기는 스위치를 '꺼두어도' 적절한 기능을 유지하고 필요할 때 바로 동작할 수 있도록 하기 위해 전원을 완전히 차단하지 않기 때문에 항상 전류가 흐른다. 전문가들은 이 전류를 '흡혈귀가 마시는 전기'라고 부르기도 한다. 지금도 집 안 곳곳에서 흡혈귀가 전기를 들이마시고 있지만 아무도 알지 못하고 신경 쓰지도 않는다. 환경보호단체인 천연자원보호회의 에너지 전문가 리처드 듀크(Richard D. Duke)는 "예약 기능이 있는 가정용 비디오 녹화 장치를 사려는 소비자에게 제품의 대기 전력량이 중요하겠어요? 그럴 리가 없잖아요"라고 한탄한다.

늦기 전에

소비자 각자의 행동도 중요하지만, 탄소 배출 문제에서 실제로 큰 역할을 하는 것은 발전 기술의 개선, 노후 석탄 화력 발전소를 폐쇄하고 효율이 더 높은 현대적 원자로나 재생 가능 에너지, 아니면 청정 석탄 발전으로 교체하는 것이다. 미국 전역의 전기 사업 관련 당사자들(전력 회사, 독립 발전 회사, 지자체 등)은 어느 방법이 최선일지를 두고 고민 중이다.

이 경쟁은 마치 트랙에서 많은 학생들이 시차를 두고 출발하는 고등학교 육상 대회 같다. 원자력 발전은 관련 허가를 받고 안전 평가를 받는 데 시간이 많이 걸리기 때문에 가장 많이 달려야 한다. 게다가 원자력 발전소 사업에 뛰어들려면 사업 신청과 기초조사 비용 등의 초기 투자가 꽤 필요하다. 미래의 전력 수요, 탄소 관련 규제, 화석 연료 가격 등이 불투명한 상황에서 원자력 발전은 사업적으로 타당한 선택이라고 할 수 있다. 실제로 원자로가 건설되느냐 아니냐는 또 다른 문제이긴 하지만 말이다.

핵심 요소 중 하나는 자금 조달 비용이다. 발전소 순건설 비용이 50억 달러이고 이 금액이 5년에 걸쳐서 지불된다면, 건설 기간에 전력 사업자가 부담해야 할 이자 총액은 이자율에 따라 수억 달러 혹은 10억 달러를 넘을 수도 있다. 연방정부는 원자력 업계를 돕기 위해 185억 달러의 대출을 보장하고 있다. 이미 이 자금을 사용하겠다고 신청한 액수가 1,000억 달러가 넘는다.

또 다른 요소는 건설에 소요되는 기간이다. 최근 아시아에서 건설된 다른 사례를 참고할 수도 있겠지만, 일본이나 한국에서의 사례가 텍사스 주나 플로리다 주에서 어떤 결과로 나타날지 섣불리 예측하기 어렵다. 월러스의 사례처럼 미국에서 일단 두 기, 또는 세 기의 원자로가 건설된다면 상황은 보다 분명해질 것이다. 향후 수십 년간 탄소 배출에 부과될 세금 관련 법안이 확정된다면 이 또한 앞으로를 보다 정확하게 예측하는 데 도움이 될 것이다.

핵폐기물을 보다 나은 방법으로 처리할 필요도 있다. 연방정부는 1980년대 초기에 전력 회사들과 1998년부터는 핵폐기물을 개별 기업이 관리하지 않아도 되도록 계약을 맺었다. 하지만 현재 그 시한으로부터 10년이 지났는데도 에너지부는 네바다 주 유카 산에 짓게 되는, 논란 많은 폐기물 저장소 한 곳에 대한 허가만 요청했을 뿐이다. 이 시설의 가동 예상 시기는 빠르면 2017년이지만 사실상 언제가 될지 아무도 모른다.* 기후가 건조하고 인구가 적은 지역의 지상에 폐기물을 장기 보관하는 계획이 잠정적으로 고려되고 있다. 미국의 많은 원자력 발전소는 자체 폐기물 보관소의 용량이 이미 부족한 상태라 폐기물을 거대한 통에 보관하고 있는 실정이다. 통에는 녹을 방지하기 위해 불활성 기체를 주입하고, 통은 마치 삼엄한 경계가 펼쳐지는 교도소 안의 야구장처럼 철조망으로 둘러싸인 콘크리트 바닥 위에 보관하고 있다.

*2011년 정부의 자금 지원이 중단되면서 이 사업은 중지되었다. 현재 미국에서는 통합된 방사성 폐기물 저장소가 없는 상태로 개별 발전소에서 폐기물을 보관하고 있음.

그럼에도 여전히 원자력 발전의 불가피성을 주장하는 사람들도 많다. 월러스의 회사가 제휴를 맺은 아레바의 사장 안느 로베르종(Anne Lauvergeon)은 원자력 이외에 다른 대안이 있다는 생각 자체를 비웃는다. 석탄 화력 발전소에서 탄소를 격리할 수 있을까? "전혀 그렇지 않아요. 비용이 얼마나 들지도 모르고, 실제로 그런 기술은 존재하지도 않습니다." 그녀가 말한다. 당분간 세계의 전력 수요는 치솟을 것이다. 그녀의 회사는 중국에서도 원자력 발전소를 건설할 것이고, 페르시아 만 지역 최초의 원자로도 건설하려고 한다.

미국의 전력 전문가들은 최초의 신규 원자로 진행 상황을 확인하기 전 까지는 추가로 서너 개 이상의 원자로가 지어질 가능성에 대해서는 여전히 회의적이다. 그러나 원자로 제조 기업들은 20년 전과 달리 표준화되고 최적화된 새로운 설계 덕분에 원자로 사업이 다시 각광을 받게 될 것이라고 믿고 있다. 마이클 월러스 같은 사람들은 그런 기업들의 엔지니어들이 아직 있는 동안에 사업을 시작하고 싶어 한다.

4-3 아직 갈 길이 남은 핵융합

제프 브룸필

1985년 11월 미국 대통령 전용기가 착륙한 스위스 제네바는 흐리고 추웠다. 로널드 레이건 대통령이 소련의 새 지도자가 된 미하일 고르바초프를 만나러 온 것이다. 핵 전쟁의 위험성이 높다고 느끼고 있었던 레이건은 서로를 겨눈 두 강대국의 창끝을 내리고 싶었다. 고르바초프도 군비 경쟁 때문에 소련 경제가 허덕이고 있다는 사실을 알고 있었다.

하지만 회담 분위기는 금세 냉랭해졌다. 레이건은 고르바초프에게 소련이 역사적으로 얼마나 미국에 적대적이었는지에 대해 설교했고, 고르바초프는 핵 미사일을 우주에서 격추시키려는 레이건의 야심찬 전략방위구상(Strategic Defense Initiative)을 공격했다. 협상은 거의 결렬에 이르렀다. 새벽 5시, 양측은 아무런 확약이 들어 있지 않은 공동성명을 발표했다. 성명 말미에(거의 각주나 다름없었다) 레이건과 고르바초프가 "인류를 위해" 새로운 에너지원을 개발하겠다는 희미한 약속이 들어 있었다.

이 합의 덕분에 21세기에 가장 야심찬 과학적 시도로 평가받는, 아주 복잡하고 실험적인 기술의 복합체이지만 만약 성공한다면 인류의 에너지 문제를 일거에 해결할 수 있는 바탕이 될 프로젝트가 시작되었다.

국제열핵융합실험로(International Thermonuclear Experimental Reactor, ITER)는 한마디로 지구에서 태양 에너지를 재현하려는 시도다. ITER은 가동에 필요한 에너지의 10배에 달하는 500메가와트의 에너지를 우주에서 가장 흔한 원소인 수소를 이용해서 만들어내려고 한다. 이 프로젝트가 성공한다면 에너지의 무한 공급이 가능한 기술이 입증되는 셈이다. 미국과 러시아를 포함한 일곱 참가국의* 정치가들은 자신의 나라들이 여기에 참여하도록 열성적으로 설득하였다.

*미국, 러시아, EU, 한국, 일본, 인도, 중국.

하지만 ITER가 탄생한 계기가 되었던 정상회담과 마찬가지로 ITER도 아직 기대에 미치지 못한다. 기술적 문제를 관료적 방식과 임기응변으로 대처하다 보니 두 배로 늘어났던 예상 비용은 여기서 다시 두 배 더 늘어났다. 인력과 자원을 한 곳에 모으지 않고 일곱 참여국이 각각 필요한 부품을 제조해서 ITER 건설 현장이 있는 프랑스에서 조립하는 것이 좋은 예다. 이는 마치 볼트나 너트를 통신 판매 목록을 보고 주문해서 거대한 여객기를 뒤뜰에서 조립하겠다는 것과 다름 없는 일이다. 프로젝트의 진전은 한없이 느렸다. 2011년 건물의 기초 공사를 위해 지하 56피트 깊이까지 파내려갔는데, 최근에서야** 여기에 400만 입방피트의 콘크리트가 채워졌다. 가동 개시 예정일은 2016년에서 2018년으로, 다시 2020년으로 늦춰졌다. 에너지가 실제로 만들어지는 실험은 2026년이 되어야 시작될 수 있다. 건설 시작 후 거의 20년 후인 셈이다.

**2016년.

ITER는 이 가능성 있는 미래 에너지 개발의 시작일 뿐이다. 설령 ITER가 성공한다고 해도 다음 세대의 시험용 융합로를 만들어야 하고, 그 뒤에야 실제로 실용화된 융합로를 건설할 수 있다. ITER는 한 세기까지는 아니더라도 몇십 년에 걸쳐 진행되는 프로젝트의 첫 단추일 뿐이다.

ITER 지지자들은 ITER만이 장기적으로 세계의 에너지 수요를 충당할 유일한 수단이라고 주장한다. 하지만 이들 스스로도 이런 장밋빛 전망을 거둘 수밖에 없게 되었다. 현재 이 프로젝트는 프로젝트 자체의 관성에 의해서 진행된다고 해도 과언이 아니다. 참여국 정부의 입장에서 보자면 괜히 혼자만 빠져나와 외톨이가 되느니 그냥 굴러가는 상황을 지켜보는 편이 훨씬 낫다. 비판자들의 입장에서는 프로젝트의 지연이나 하염없이 늘어나는 비용 등 비판할 거리가 넘쳐난다. 이들은 ITER가 다른 에너지 분야에 쓸 자금을 잡아먹는 심각한 낭비일 뿐이라고 이야기한다. 그러나 이 프로젝트가 성공적으로 끝난다면 그 결과가 달콤할 것이라는 점에 대해서는 양쪽 모두 의견이 일치한다.

휴대용 태양

이론적으로 볼 때 핵융합은 완벽한 에너지원이다. 핵융합은 누구나 한 번쯤은 들어봤을, 에너지는 질량과 광속의 제곱의 곱($E=mc^2$)이라는 물리 법칙에 따라 이루어진다. 광속의 제곱은 굉장히 큰 값이므로, 아주 작은 질량만 있어도 어마어마하게 큰 에너지를 만들어낼 수 있다.

모든 원자로는 물리 법칙을 따른다. 통상적인 원자력 발전소에서는 무거운 우라늄 핵이 분열해서 더 가벼운 성분으로 변환된다. 이런 분열 과정에서 우라늄 질량의 아주 일부가 에너지로 변환된다. 핵융합도 질량의 일부가 에너지가 된다는 점에서는 핵분열과 마찬가지지만 반응의 방향이 핵분열과 반대다.

가벼운 원소인 수소의 핵이 합쳐지며 헬륨이 되는데, 헬륨의 질량은 수소 두 개보다 약간 작다. 더 중요한 점은, 수소는 우라늄에 비하면 아주 흔하고, 핵융합의 결과로 만들어지는 폐기물이라고 할 수 있는 헬륨은 방사능 물질이 아니라는 사실이다.

ITER 협상에 오랫동안 참여한 한국 과학자 이경수 박사는 "핵융합은 아주 매력적"이라고 이야기한다. "중세 사람들이 연금술에 매달렸던 것과 비슷하죠. 에너지 연구의 성배라고나 할까요."

이경수 박사는 핵융합의 가능성을 굳게 믿는 사람이다. 그는 1980년 시카고대학교로 유학온 뒤 물리학 분야에서도 어려운 분야 중 하나인 양자장 이론을 공부했다. 하지만 미국은 그의 생각을 바꾸어 놓았다. "미국에선 돈이 최고죠." 양자장 이론은 지적 만족만을 줄 뿐이었다. 보다 실용적인 연구 대상을 찾던 그는 결국 핵융합에서 가능성을 찾았다. "과학적으로나 공학적으로나 굉장히 어려운 분야입니다." 하지만 성공하기만 한다면 보상은 막대할 것이다. 어디서나 값싸게 에너지를 얻을 수 있기 때문이다. 화석 연료에 목맬 필요도 없다. 전 세계의 모습이 바뀔 것이다.

이경수 박사 같은 과학자들이 핵융합에 매진한 지 거의 50년 되었다. 이 박사 이전에도 많은 이들이 머지않아 핵융합이 가능할 것이라고 장담했었다. 이들 중 일부는 사기꾼이었지만, 나머지 대부분의 예상도 결국 맞지 않았다. 핵융합은 어려운 일로, 자연은 인간의 약속 따위는 아무렇지도 않게 무너뜨렸다.

핵심을 말하자면 이렇다. 수소 이온은 서로 밀어내기 때문에, 이들이 융합하게 하려면 엄청난 힘을 가해야 한다. ITER는 수소를 자석으로 된 우리에 가두어두고 가열하는 방식을 쓴다. 여기에 쓰이는 특수한 형태의 자석 우리를 토카막(tokamak : 금속으로 된 도넛 모양의 고리에 자기장을 만들어내는 코일이 감겨 있다)이라고 부른다. 자기장이 대전된 수소 이온 플라즈마를 수억 도의 온도에 이르게 만들면서(이런 온도를 견뎌내는 물질은 없다) 이온이 결합되도록 만드는 것이다.

1970년대에는 토카막의 미래를 밝게 보았다. 일부 과학자들은 1990년대 중반까지는 핵융합 발전소를 건설할 수 있을 것으로 생각하기도 했다. 유일한 문제는 실험실 수준의 시설을 상업용으로 쓸 수 있는 수준의 크기로 확대하는 것이었다. 토카막이 클수록 플라즈마의 온도는 올라가고, 핵융합의 효율성이 높아진다.

그런데 문제가 생겼다. 플라즈마는 전기가 통하기 때문에, 자체적으로 만들어진 전류 때문에 예측하기 어려운 움직임을 보인 것이다. 급격한 와류가 생기면서 플라즈마가 우리 바깥으로 빠져나가며 외벽이 불타기 시작했다. 온도가 올라감에 따라 플라즈마가 움직일 공간은 더 많아지고, 그런 플라즈마를 잡아두려면 더 강한 자기장을 만들어야 한다. 더 큰 공간과 더 강한 자기장이 필요하다는 이야기는 결국 도넛을 감싸고 있는 코일에 더 강한 전류를 흘려야 된다는 뜻이다. 더 강한 전류는 더 높은 에너지를 뜻한다. 간단하게 말해서 기계가 더 크고 강력해질수록 기계를 정상적으로 동작시키는 데 더 많은 에너지가 필요하다는 것이다.

그러므로 토카막으로는 투입된 에너지보다 더 많은 에너지를 만들어낼 수 없다. 이경수 박사를 비롯해서 다른 과학자들은 한 가지 해결책을 알고 있었다. 바로 아주 낮은 온도에서 큰 전류를 전기 저항 없이 흘려보내는 소재인 초전도체다. 토카막의 자석이 초전도체라면 전기가 무한히 흐를 수 있다. 가능하기만 하다면 비용은 많이 들겠지만 에너지 문제는 해결되는 것이다. 하지만 초전도체는 희귀하고 비싼 소재다. 또한 가공하려면 액체 헬륨으로 계속해서 절대온도 4도의 온도로 냉각을 해줘야만 한다.

1985년까지만 해도 미국과 러시아 모두 실제로 에너지를 만들어내는 토카막을 만들지 못했다. ITER이 시작되었을 때는 미국, 러시아, 유럽, 일본이 참여했다. 거대한 크기의 토카막을 당시의 최신 기술로 만들려는 계획이었다. ITER는 초전도체뿐만 아니라, 가열을 위해 원자를 코어에 쏘는 첨단 가속기와 마치 플라즈마용 전자레인지처럼 작동하는 정교한 안테나도 도입했다. 연료는 통상적인 수소 대신 수소의 동위원소로 수소보다 더 낮은 온도와 압력에서 융합하는 중수소(deuterium)와 삼중수소(tritium)를 사용했다. 중수소는 상대적으로 흔하지만(바닷물 한 방울에 수조 개의 중수소 원자가 들어 있다) 삼중수소는 흔치 않은 데다 방사성이고 값도 비싸다. 초기에 예상한 건설비는 50억 달러였지만 1990년대 중반에 융합로의 복잡한 구조를 고려해서 다시 추산한 예상치는 거의 두 배에 이르렀다. 1998년, 주로 과다한 비용 때문에 미국이 이 프로젝트에서 손을 뗐다.

그 후 얼마 지나지 않아, 프로젝트를 어떻게든 계속하고 싶었던 연구진 일부가 크기와 비용을 절반으로 줄인 새로운 설계를 완성했다. 안타까운 일이지만 "시간이 부족했기 때문에 몇 가지를 깜빡하고 말았죠"라고 ITER의 수석 연구원이자 재설계팀에 초기에 참여했던 귄터 야네쉬츠(Gunther Janeschitz)도 인정했다. 참가국들은 융합로의 중요한 요소들에는 관심을 기울였지만 일부 사소한 부분(연결 부위, 전달 부위 등)을 확실하게 규정하지 않았다. "부품끼리 맞지 않는 부분이 있었고 구매할 때도 정확히 요구 사항이 명시되지 못했었지요."

사실 융합로를 실제로 건설하는 주체는 ITER이 아니었기 때문에 이런 문제들은 ITER 입장에선 아주 골칫거리였다. 러시아나 일본 같은, 설립 당시부터의 회원국은 자신들이 투자한 금액이 자국의 연구소에 배정되기를 원했고, 인도나 중국처럼 나중에 참여한 국가들은 급성장하고 있는 자국 기업이 첨단 기술을 습득할 수 있기를 원했다. 결국 회원국들은 완성된 형태의 부품을 제공하게 되었다(본부 관리를 위한 약간의 재정적 기여를 포함해서). 자석에 사용되는 초전도 전선은 일본 히타치 사를 비롯해 중국의 서부초도재료과기(西部超导材料科技), 러시아의 에프레모프(Efremov) 사에서도 공급한다. 거대한 진공 용기는 유럽, 인도, 한국, 러시아에서 제조된다. 가열 시스템은 유럽, 일본, 인도, 그리고 2003년에 다시 프로젝트에 복귀한 미국에서 제조된다. ITER 본부는 이런 부품들을 모아서 인류 역사상 가장 복잡한 시설을 만들어가는 것이다.

ITER 본부가 임시로 있던 곳 옆의 2차선 고속도로 건너편의, 듀란스 강이 내려다보이는 중세의 성에서 문제점이 무엇인지가 명확해졌다. ITER 회원국

대표들이 평면 스크린과 마이크가 설치된 회의실로 모여들었다. 이들은 회의실에 기자들이 들어오지 못하도록 했지만, 휴식 시간에 이경수 박사는 필자에게 사소한 위기 상황이 회의실에서 벌어지고 있다고 귀띔해주었다. 그는 초콜릿과 다과가 놓여 있는 테이블 양끝을 가리키며 이야기했다. "인도는 여기서 멈춰야 된다고 생각하고, 다른 나라들은 아직 더 나아가야 한다고 생각해요. 중간에서 만나는 게 분명히 해결책이긴 한데, 그게 기술적으로 가능하지 않아요. 결국 문제를 사무총장에게 넘기기로 했습니다."

2010년까지 사무총장을 맡은 사람은 졸음을 부르는 스타일의 일본 외교관 이케다 카나메였다. 그러나 이런 문제가 불거지기 시작하자, ITER 이사회는 그에게 퇴임 압력을 넣었다. 그의 후임으로 일본의 경험 많은 핵융합 전문가인 모토지마 오사무가 임명되었다. 그의 조용한 성격은 내부 사람들에게 그가 때론 단호하고 때론 독단적이라고 착각하게 만들었다. 모토지마는 미국과 유럽에서 많은 경험을 쌓은 그의 부하 직원들을 이끌고, 회의실 옆의 마구간을 개조한 방에서 인도 과학자들과 마주앉아 협상을 했다. 협상이 난항을 겪고 있을 때, 당시 ITER의 수석법률고문인 해리 투인더(Harry Tuinder)가 정원에 앉아서 담배에 불을 붙였다(그는 이후 유럽위원회로 자리를 옮겼다). 필자는 그에게 모토지마가 전권을 갖고 회원국들에게 필요한 부품을 제공하라고 지시하는 편이 더 낫지 않냐고 물었다. "그렇게 하면 원래 강화되어야 할 관계가 더 나빠질 뿐이지요." 의자에 등을 기대며 그가 답했다. 결국 프로젝트의 성공은 ITER 사무총장의 힘이 아니라 회원국들이 프로젝트에 참여하려는 의지에 달려 있는 셈이다.

에너지를 얻으려면

협상이 지연되면서 ITER의 비용은 또다시 두 배로 뛰어 200억 달러가 되었지만, 건설이 아주 느리게 진행되고 있는 상황에서 비용이 확실히 얼마가 될지는 아무도 모르는 일이었다. 완공 예정 시기는 또 몇 년 늦춰졌다.

치솟는 비용과 지속적인 공사 지연은 거대한 토카막에 대한 회의를 불러왔다. 특히 건설비의 45퍼센트 정도를 부담하는 유럽에서 반발이 심했다. 유럽의회에서 녹색당 에너지 고문을 맡고 있는 미셸 라케(Michel Raquet)는 "정말로 기후 변화를 막고 에너지 문제를 해결할 생각이 있다면 이 프로젝트는 말도 안된다"고 주장한다. 유럽연합은 ITER가 2020년까지 공사를 마치도록 27억 유로의 예산을 마련하고 있다. 유럽에서 ITER의 대표적 반대 세력인 녹색당은 이 예산 때문에 풍력과 태양열 지원 예산이 줄어들 것을 크게 우려한다.

비용의 9퍼센트를 부담하는 미국에서는 반대 세력의 목소리가 상대적으로 작다. 천연자원보호회의 핵 문제 담당인 토머스 코크란(Thomas Cochran)은 말했다. "위협까지 되지는 못해요. 그냥 돈 낭비일 뿐이죠." 그는 차라리 장기적인 핵폐기물을 만들어내고 핵무기 기술을 확산시키는 다른 원자력 관련 연구의 저지에 힘을 쏟겠다고 이야기했다. 미국 의회도 마찬가지로 무관심해 보인다. 핵융합 에너지의 개발을 지원하는 핵융합전력협회(Fusion Power Associates) 회장인 스테판 딘(Stephen Dean)은 "분명한 건 ITER를 폐기하려는 움직임은 없다는 것"이라고 말한다. 하지만 이런 분위기는 바뀔 수도 있다. 오바마 대통령은 지난해 미국 내에서의 핵융합 연구비를 삭감하는 대신 ITER 지원 예산을 급격히 늘렸다. 그래도 ITER가 받을 1억 5,000만 달러는 미국이 부담하기로 했던 금액보다 여전히 25퍼센트나 적은 액수다.

다른 나라들도 ITER 분담금 때문에 골치를 썩고 있긴 마찬가지다. 인도는 지원금 납입에 어려움을 겪었고, 일본은 2011년 3월에 일어난 대지진 때문에 핵심 관련 시설이 피해를 입었다. 러시아 대표단의 일원인 블라디미르 블라센코프(Vladimir Vlasenkov)는 "나라마다 다 일정이 늦어지는 이유가 있습니다"라고 이야기한다. 하지만 러시아는 예정대로 진행 중이라는 말을 덧붙였다.

핵융합이 과연 가능한지는 ITER를 통해서 확인될 것이다. 하지만 성공한다고 해도 핵융합이 상업적으로 가능하다는 의미는 아니다. 오히려 상업성이 없을 것이라고 볼 충분한 이유가 있다. 우선, 핵융합은 매우 강력한 반응이어서 철과 같은 일반적인 소재는 이를 견뎌내지 못한다. 발전소를 지으려면 이런 강력한 충격을 지속적으로 견뎌낼 수 있는 소재부터 개발해야 한다. 그렇지 않으면 대부분의 시간을 발전소 정비에 써야 할 것이다. 융합로를 이용해서 발전소 현장에서 만들어야 할 삼중수소 연료도 문제다.

ITER의 설계에 따라 융합로를 건설하면서 가장 논란이 되고 있는 부분은 이 장치가 너무 복잡하다는 점이다. 영국 원자력에너지청(Atomic Energy Authority)의 CEO 스티브 카울리(Steve Cowly)는 ITER의 가열 시스템은 모두 특별히 설계된 것이고, 전용 부품들은 아주 정교하기 이를 데 없는 것들이지만, 상업용 발전소는 이렇게 복잡한 구조여서는 곤란하다고 이야기한다. "매일 끊임없이 전기를 만들어내는 발전소의 설비가 신기한 장비만으로 구성된다는 건 말이 안 됩니다." 핵융합이 실제 전력망에 통합되려면 ITER 이후에도 다른 값비싼 실험 융합로가 필요하다는 뜻이다. ITER의 더딘 진척 상황을 고려하면, 21세기 중반까지는 별다른 진전이 없을 것이라고 보인다.

이런 문제점과 핵융합 에너지의 불투명한 미래에도 불구하고, ITER 관련자 중 누구도 ITER의 성공을 의심하는 사람을 찾아볼 수가 없다. 그 이유 중 하나는 참가국 사이의 경쟁일 것이다. "미국이 참여하는 한 프랑스가 탈퇴할 일은 없을 겁니다." 코크란이 지적한다. 투인더는 참가국들의 정치적 의도, 그리고 막대한 탈퇴 벌금도 프로젝트가 진행되도록 하는 힘이라고 본다.

냉소적이긴 해도 맞는 말인, 참가국이 발을 뺄 수 없는 이유를 차치하더라도, 많은 과학자들은 핵융합이 인류의 에너지 수요를 충족시킬 수 있는 유일한 방법이라고 여기고 있다. 미국이 ITER에 다시 참가했을 때 에너지부의 수석 과학자 레이먼드 오르바흐(Raymond Orbach)는 이렇게 말했다. "미래의 에너지 문제를 생각하면 소름이 끼쳤습니다. 어떻게 충당될지 알 수 없었거든요. 그런데 이산화탄소 발생도 없고, 기본적으로 무제한인 데다, 환경 문제도 없는 대안을 찾아낸 겁니다." 대부분의 핵융합 과학자들은 기후 위기를 피할 수는 없을 것이라고 생각한다. 어쩌면 인류는 그렇게 된 뒤에야 "뭔가 새로운 기술을 만들었어야 하는데…"라고 후회할 것이라고 카울리가 안타까워했다. 핵융합은, 이런 생각이 계속된다면 반드시 성공할 것이다. 그래야만 하니까.

5

넘치는 수자원

5-1 수력 다시보기

린다 처치 치오치

우리가 쓰는 전기의 절반이 재생 가능 에너지에서 얻어진다면 경제가 어떤 모습일지 상상해보자. 아마 연료비 파동도, 외국의 상황에 의한 영향도, 기후 변화 우려도 없으면서 청정하고, 풍부하고, 값싼 전기를 쓸 수 있을 것이다.

2차대전 이전의 미국인들은 수력 발전 덕분에 실제로 이런 환경에서 살았다. 대공황 시기에 엄청난 노동력이 투입되어 미국 각지에 초대형 댐들이 건설되었다. 일자리 창출, 전기 보급, 저렴한 전기 가격 덕분에 남부가 비약적으로 발전했고 서부는 산업화될 수 있었다.

전쟁이 끝나고 원자력 시대가 시작되자, 수력의 성장은 수그러들었다. 더 이상 수력 발전을 확대하기 어렵다는 생각이 공감을 얻어갔다.

글쎄, 이 생각의 어디가 잘못된 건지 파헤쳐보자.

수력 발전은 미국 전력 생산의 8퍼센트를 차지하는, 가장 큰 재생 가능 에너지원이다. 분석가들은 이 용량을 원자력 발전 업계가 예상하는 성장 수준과 맞먹는, 30년 안에 두 배 수준까지 훨씬 저렴한 비용으로 늘릴 수 있다고 본다. 연방 에너지규제위원회는 전체 수력 발전 가능 용량의 3분의 1에 가까운, 3만 메가와트가 넘는 신규 프로젝트를 검토 중이다. 이 정도면 뉴욕권의 전기 수요를 충당하고도 남는 수준이다.

놀랍게 들렸을 수도 있다. 아직도 많은 사람들은 수력 발전이라면 엄청난 규모의 후버 댐에서나 가능한 것으로 생각한다. 하지만 모든 종류의 하천에 적용할 수 있는 새로운 기술들이 계속 개발되고 있다. 수중에서 풍차처럼 천천히 회전하는 터빈을 강이나 수로, 또는 물이 흐르는 곳 어디에나 설치할 수 있다. 바다의 조류를 이용해서 전기를 만들어내는 장치도 있다.

기존 댐에서 전기를 추가로 생산할 수도 있다. 미국 전역에 있는 8만 개의 댐 중에서 전기를 생산하는 곳은 3퍼센트뿐이다. 많은 댐들은 발전기만 추가하면 된다. 수력 발전 업계는 발전 기능이 없는 수많은 댐을 소유하고 있는 연방정부에 이것의 타당성 검토를 요청하고 있다.

그 밖에도 엔지니어들은 기존의 수력 발전소에 효율이 더 높은 발전기와 신기술을 적용해서 더 많은 전기를 생산하는 방법을 찾고 있다. 워싱턴 주 그랜트 카운티의 공공 발전소에서는 와나품댐에 설치된 열 개의 터빈을 10퍼센트 이상 효율이 높은 신형 터빈으로 교체하는 작업을 절반 정도 마쳤다. 민관 협력으로 개발된 신형 터빈은 수중 생물에게도 더 친화적이다.

이처럼 효율은 높이면서 환경에 대한 영향은 줄이는 프로젝트에, 신뢰성은 높고 이산화탄소를 발생시키지 않으면서 비용은 낮은 수력 발전의 능력을 높이 평가한 환경주의자들이 관심을 갖기 시작했다.

미국 수력 발전 업계는 오바마 행정부가 이 분야에 좀 더 관심을 가져주기를 바라고 있으며, 새로운 수력 발전 기술의 개발에 연방정부의 지원이 이루어질 수 있도록 관료들에게 요청하고 있다. 행정부가 경제에 긍정적인 프로젝트를 검토하고자 한다면 75년 전의 정부가 그랬듯이 수력 발전에 좀 더 관심을 기울여야 한다.

또한 의회는 수력 발전에 다른 재생 가능 에너지와 마찬가지 수준의 지원을 제공하는 법안을 만들어야 한다. 수력 발전은 각 주와 연방정부 정책의 일부로 다뤄질 필요가 있다. 재생 가능 에너지 전략, 에너지 확보와 기후 전략에 이르기까지 수력 발전은 신뢰할 만한 해결책을 제공할 것이다.

5-2 조류를 전기로

래리 그리너마이어

지표면의 70퍼센트 이상을 덮고 있는 바다는 태양과 달의 중력에 의해 간조와 만조를 되풀이한다. 과학자들은 이 운동에너지의 일부를 이용하는 기술을 몇 가지 만들어냈다. 현재는 여러 기업이 이를 상용화하려 애쓰는 중이다.

바다 속의 풍차

최신 기술을 보려면 뉴욕 시의 이스트 강에 가면 된다. 이스트 강은 사실 조류로 만들어진 해협이다. 2006년, 버던트파워(Verdant Power) 사가 풍차처럼 생긴 터빈을 선박의 항로를 피해 물속 30피트 아래 설치했다. 각각의 터빈은 지름이 16피트이고 1분에 최대 32회전을 하면서 조류의 움직임을 전기로 바꾼다. 최초의 실패(물의 강한 흐름이 로터 일부에 손상을 입혔고, 유리섬유와 강철로 만들어진 날개를 부러뜨렸다)에도 불구하고, 여전히 두 대가 운용 중이며, 지속적인 개발과 시험을 위해 정부에서 추가로 860만 달러를 지원받았다.

낮은 비용으로 전기를 생산하려면 버던트사의 터빈에 최소 초당 6피트 이상 움직이는 물의 흐름이 있어야 하는데, 이스트 강은 이런 면에서 바람직한 곳이다. 이 회사의 회장 트레이 타일러(Trey Taylor)는 말한다. "뉴욕에서는 전기값이 비싼데 여기서는 이 시설이 효과적입니다."

이스트 강에는 최대 300대의 터빈을 설치할 수 있다. 버던트파워는 2010년까지 800가구가 사용할 정도인 1메가와트의 전기를 생산할 수 있도록 터빈 30기를 설치할 계획이다. 타일러는 궁극적으로 10메가와트 용량의 터빈을 두 곳에 나눠 설치할 생각이다. 그는 뉴욕 주의 다른 곳에서도 사업을 확장할 수 있을 것으로 기대하고 있다. 뉴욕 주에서만도 1,000메가와트의 발전이 가능할 것으로 추산된다. 이 회사는 중국과 인도에서도 사업을 추진 중이다. 내년에는 온타리오 주 콘월 부근의 세인트로렌스 강에서 신형 터빈을 시험할 계획도 있다. 이곳에서는 터빈들을 바닥에 박아놓는 방식으로 설치하기 때문에 정비할 때 터빈을 회수하기가 훨씬 용이하다.

버넌트 말고 다른 기업들도 이 사업을 시작했다. 영국의 루나르에너지(Lunar Energy)는 한국중부발전(주)과 함께 완도 횡간수도에 터빈 300기를 설치하는 대규모 프로젝트를 추진 중이다. 설치가 완료되면 2015년 12월부터 300메가와트의 전력을 생산할 것으로 기대되고 있다.* 플로리다 애틀란틱대학교 연구진은 플로리다 주 해안에 흐르는 강력한 멕시코 만류를 이용하는 기술을 개발했다. 2011년 9월, 미국 에너지부는 120만 달러를 5년간 투자해서 해양과 바다에서 활용되는 이들 신기술의 상업성과 가격 경쟁력을 높여서 하루빨리 상용화하겠다고 발표했다.

*2007년에 양해각서에 서명했다는 기사는 있지만 그 후의 진척 상황은 물론, 중부발전 홈페이지에서도 이에 대한 정보를 찾을 수 없음.

뱀 모양의 파력 발전기

조류는 당연히 바람의 영향도 받는다. 스코틀랜드 에딘버러에 있는 펠라미스웨이브파워(Pelamis Wave Power) 사는 이 에너지를 활용할 방법을 찾고 있다.

펠라미스는 길이 427피트, 지름 13피트, 무게 750톤에 달하는, 물에 뜨는 거대한 튜브를 제작했다. 튜브 내부는 원통형 구역으로 나뉘고, 각 구역은 거대한 힌지로 연결한다. 연결 부위가 파도에 의해 위아래로 움직이면 원통을 연결한 부위를 잡아당기고, 높은 압력의 유압 펌프가 모터를 회전시키면 이 힘으로 발전기를 돌려서 전기를 만들어낸다. "혼자 움직이면서 동작하는 것"이라고 펠라미스 사업개발이사 맥스 카르카스(Max Carcas)가 설명해주었다. 여기서 만들어진 전기는 해저 케이블을 통해 육지로 보낸다.

이 발전기는 일반적으로 파장이 330~460피트, 수심은 파도 파장의 절반 정도인 165~230피트 바다에서 가장 효과적이다. 카르카스에 따르면 수심이 파도 파장의 절반 이하가 되면 파도가 에너지를 잃기 시작한다고 한다. 이 형태의 발전기를 설치할 만한 장소는 보통 해안에서 1.2~9.3마일 사이에 위치한다.

펠라미스는 협력 회사들과 함께 포르투갈 북서 해안에서 3마일 떨어진 곳에 뱀 모양 발전기를 3기 설치했다. 1단계는 최대 2.25메가와트의 발전 용량을 갖고 있으며 건설비는 1,300만 달러였다. 내년부터 '파력 에너지 변환기' 25기를 추가로 설치할 계획이다. 완성되면 21메가와트의 전기가 생산되어 포르투갈 가정 1만 5,000곳에 전기를 공급할 수 있을 것으로 예상하고 있다.

펠라미스 CEO인 필 메트카프(Phil Metcalf)는 많은 재생 가능 에너지원들이 전력 생산량이 일정하지 않아서 문제가 되는 데 비해 "파도는 바람보다 훨씬 예측 가능하다"고 이야기한다. "1,000마일 밖의 해양 상태를 보면 24~48시간 뒤 해안의 상태를 상당히 정확하게 예측할 수 있어요. 전력망에 전기를 공급하는 것도 사실상 더 용이할 것으로 봅니다."

이렇게 만들어진 전기의 소비자 가격이 어느 수준이 될지는 불분명하다. 버던트사의 타일러는 잠재 고객들에게 가격을 제시하려면 아직 2년은 더 기다려야 한다고 말한다. 수중 터빈의 가격은 킬로와트당 3,600달러 정도로, 현재의 화력 발전소나 수력 발전소보다 약간 비싼 수준이다. 만약 대량생산이 된다면 가격이 내려갈 것이다.

허가 절차가 빨라지는 것도 가격 하락에 도움이 된다. 버던트사가 뉴욕 주 환경보호국과 육군 공병대로부터 이스트 강 시범 사업의 허가를 받는 데는 4년이 걸렸다. 또한 이 회사가 프로젝트에 사용한 900만 달러 중 3분의 1은 터빈이 선박 운행과 해양 생태계에 미치는 영향을 평가하는 연구에 투입되었다.

5-3 물의 흐름을 전기로

래리 그리너마이어

전 세계의 수로를 이용해서 에너지를 만들어내려는 시도는 아직 초기이지만, 파도를 이용하는 프로젝트는 여러 곳에서 진행되고 있다. 장소가 호수, 강, 바다 어디이건, 파도를 이용하는 방식에는 화석 연료를 대체하는 경제적이고 실질적인 기술을 개발한다는 공통의 목적이 있다.

재생 가능한 유체동력 발전은 파도의 상하 운동, 태양과 달의 중력에 따른 조수의 느린 움직임처럼 다양한 곳에서 찾아볼 수 있다. 조력은 움직임을 예측할 수 있고, 강과 바다가 만나는 구역의 해류에서 얻을 수 있다는 점에서 촉망받고 있는 에너지원이다.

현재 세계적으로 진행되고 있는 조력 발전 프로젝트는 많지 않고, 상업성 있는 전기를 생산하는 사례도 아직 없다. 프로젝트 대부분은 조수의 운동에너지를 모았다가 터빈을 돌리는 방식이다. 보통은 터빈의 회전 속도가 느리므로 기어를 이용해 회전 수를 높여서 전기를 만들어낸다. 그리고 이 기어에 연결된 케이블을 통해서 전기를 육지로 보낸다.

조력을 이용해서 어느 정도의 전기를 만들어낼 수 있는지는 불분명하지만, 전기전력연구소(Electric Power Research Institute, EPRI)는 여러 곳의 조력 프로젝트를 분석한 바 있다. 2008년, EPRI는 진행 중인 모든 조력 발전소에 연간 총 115TWh의 전기를 만들어낼 에너지가 있지만 실제로 생산 가능한 전력은

5-3

14TWh에 머무를 것이라고 추산했다(EPRI에 따르면 미국의 연간 전력 소비량은 4,000TWh다). 이 중 대부분은 알래스카 주 남동부 쿡(Cook) 만과 알루시안 제도에 설치된 대규모 시설과 이곳의 높은 에너지 밀도 덕택에 알래스카 주에서 나온다. 보고서에서 다룬 다른 지역은 메인 주, 샌프란시스코, 워싱턴 주의 퓨젓사운드(Puget Sound)였다. 뉴욕 시와 체사피크 만은 이 보고서에 포함되지 않았지만, EPRI는 이곳에서도 조류의 유체동력 발전을 이용할 수 있다고 보았다.

뉴욕 시 강물 아래

미국에 설치된 첨단 조력 발전소 중 하나는 2006년부터 뉴욕 시 이스트 강에서 풍력 발전기 모양의 터빈을 시험 중인 루스벨트 섬 조력 에너지(Roosevelt Island Tidal Energy) 프로젝트다. 버던트파워가 주도하는 이 프로젝트에서는 6개의 풍차 모양 터빈(지름이 5미터이고 수심 약 9미터의 이스트 강바닥에 닻으로 고정되어 있다)이 맨해튼과 퀸스 사이에 위치한, 폭 240미터에 길이 3.2킬로미터의 길쭉한 모양인 루스벨트 섬 옆 물속에 설치되어 있다.

"버던트사의 제품은 보통의 풍력 발전기처럼 날개가 세 개 달린 형태"라고 물의 흐름을 이용한 발전 방식을 연구한 EPRI의 로저 베다르드(Roger Bedard) 연구원이 설명한다. 그는 이것이 풍력이 재생 가능 에너지원 중에서 상업적으로 이미 자리잡은 방식이라는 것을 고려한, 의도적인 설계라고 덧붙였다.

설치된 터빈 6대 모두는 운용한 지 9,000시간이 되면 철거 후 분해해 베어

링, 방수 처리, 부품의 마모도 등을 조사한다. 현재 버던트는 1세대 제품과는 상당히 다른 차세대 제품을 개발 중이다.

1세대 제품이 터빈마다 강바닥에 고정된 형태로 배치되어 마치 풍력 발전 단지가 수중에 있는 것 같은 모양새였던 데 비해, 차세대 설계는 삼각형 구조물 위에 부착된 3대의 터빈이 강바닥 위에 놓여 있는(닻으로 고정되지 않음) 전혀 다른 형태다. 현재 계획은 10대의 삼각형 구조물(총 30대의 터빈)을 강바닥에 설치하는 것이다. 강물의 유속을 고려할 때 각각의 터빈은 35킬로와트의 전기를 생산하므로 10대의 구조물에서 최대 1메가와트의 전력이 생산된다(800가구에 전력을 공급할 수 있는 양이다).

그러려면 물론 연방 에너지규제위원회의 허가를 받아야 한다. 버던트사는 에너지규제위원회로부터 임시 허가를 받은 상태인데, 향후 1메가와트의 상업용 발전을 시작하고 전기를 판매하기 위해 정식 허가를 신청할 계획이다.

수중 터빈의 발전 효율

버던트파워 회장이자 마케팅 및 사업개발 책임자인 트레이 타일러는 수중 터빈의 발전 효율, 즉 강물의 흐름이 갖는 에너지 중에서 전기로 변환되어 전력망에 공급되는 비율이 약 40퍼센트라고 추정한다. 시범 사업에서는 생산된 전기가 루스벨트 섬의 슈퍼마켓 한 곳과 주차장 두 곳으로 보내진다.

타일러는 루스벨트 섬의 사례를 기술의 역사에서 유명한 사례에 비유한다. "이스트 강은 키티 호크(Kitty Hawk)와 비슷합니다. 거기서 시작된 기술이 결국 보잉 747 여객기가 된 거니까요."*

*키티 호크는 라이트 형제가 처음으로 비행에 성공한 곳의 지명이다.

버던트사는 뉴욕 시 주변의 다른 곳에도 터빈을 설치하고자 한다. 타일러에 따르면 미국 해안 경비대는 터빈을 이스트 강에 있는 유엔의 안전지대에도 설치할 수 있다고 했다고 한다. "터빈을 수중에 설치하면 선박 통행이 금지된 그 지역에 배들이 덜 들어오게 될 것이므로 유엔도 좋아하는 것 같습니다." 그곳에 발전기가 설치되면 용량이 최대 5메가와트가 될 것이다. 버던트사는 에너지규제위원회로부터 이것의 타당성을 검토하기 위해 임시 허가를 받은 상태다. 또한 그 지역은 수심이 더 깊어서 타일러는 한 대당 최대 110킬로와트의 발전이 가능한 지름 7미터의 터빈도 설치할 수 있을 것으로 보고 있다. "현장 조사가 끝나고 난 뒤에 경제성 검토를 시작할 겁니다. 안전지대에 터빈을 설치하는 문제에 관해서는 유엔과 협의를 할 것이구요."

타일러는 이스트 강은 단지 시작일 뿐이라고 주장한다. 뉴욕 주와 캐나다 온타리오 주 경계의 일부를 이루는, 더 깊고 물살이 빠른 세인트로렌스 강은 RITE 프로젝트보다 전력을 세 배 더 생산할 수 있는 곳으로 지목되고 있다. 두 곳의 중요한 차이는 이스트 강에서는 조수에 따라 물의 흐름이 하루 중에도 반대 방향으로 바뀌지만, 세인트로렌스 강에서는 물이 지속적으로 한 방향으로만 흐른다는 점이다.

타일러는 2012년에는 강에서 만들어낸 전기를 온타리오 주에서 판매하게 되기를 희망하고 있으며, 뉴욕과 함께 두 곳의 사례를 바탕으로 추가 투자자를 모으고자 한다.

버던트사는 세 번째 프로젝트는 푸젯사운드에서 미 해군과 함께 추진할 예정이다. 해군은 버던트사의 삼각형 구조물 발전기를 이용해서 전 세계에 퍼져 있는 해군기지에 전력 공급이 가능한지를 조사 중이다. 장기적으로 타일러는 이 기술을 개발도상국에 보급하고자 하지만, 그러려면 자금이 추가로 많이 필요하다. 전체적으로 볼 때 현재 버던트사는 2018년까지 2만 2,000메가와트의 전기를 생산할 계획을 갖고 있다.

수문-댐 시스템에서의 시험 운용

휴스턴에 있는 하이드로그린에너지(Hydro Green Energy) 사도 하천, 조류, 해류의 흐름을 이용하는 발전 설비를 만들고 있다. 이 회사는 2008년 말, 미네소타 주 하스팅 시와 함께 미시시피 강에 있는 육군 공병대의 수문-댐에서 자사의 터빈 기술을 시험하기로 계약했다.

CEO인 웨인 크로우즈(Wayne Krouse)의 목표는 댐을 추가로 건설하지 않고 화석 연료를 이용하는 정도의 비용으로 전기를 만들어내는 기술을 개발하는 것이었다. 그러려면 부품 수를 최소화한 소형, 저비용 기술이어야 한다. 크로우즈는 "바다에 설치하는 시설은 부품 수가 많을수록 문제가 된다"고 말한다. 터빈의 날개를 금속이 아니라 플라스틱이나 탄소섬유같이 녹이 슬지 않는 소재로 만드는 것도 한 가지 방법이다.

하이드로그린에너지는 이 기술을 아직 개발 중이다. 미시시피 강에서 시험 중인 시제품은 지름 3.7미터의 주조 알루미늄으로 만들어졌는데, 크로우즈는 이 제품이 민물에서는 문제가 없지만 염분이 있는 바다에서는 문제가 있을 것이라고 말한다.

하이드로그린에너지의 터빈은 근처에 있는 전기 유압 수문-댐을 이용해서 실제 목표인 바다에서의 조류 흐름과 비슷한 환경을 만들어서 동작한다. 언제나 초당 약 30입방미터의 물이 터빈을 통과한다.

현재 크로우즈는 가능한 한 오랫동안 터빈을 강에서 시험해 설계와 내구성을 검증하고자 한다. 하이드로그린에너지는 에너지규제위원회로부터 2008년 12월에 허가를 받았고, 2009년 2월에 35킬로미터의 터빈을 수중에 설치했다. 크로우즈는 자금을 모으는 일보다 에너지규제위원회의 허가를 받기가 더 어렵다고 이야기하는데, 향후 기술 개발을 위한 자금을 끌어들이려면 누적 운용 시간이 1만 시간에서 2만 5,000시간 정도는 되어야 할 것으로 보고 있다. 하이드로그린에너지는 이미 알래스카 주와 미시시피 주에서의 추가 프로젝트를 위한 자금 확보에 들어갔다.

그 밖의 조력 프로젝트

2009년 11월, 아일랜드 더블린에 있는 오픈하이드로(OpenHydro) 그룹은 노바스코시아 전력 회사가 주문한 400톤짜리 조력 터빈을 간만의 차가 세계에서 가장 큰 캐나다 펀디 만에 성공적으로 설치했다. 펀디 만의 미나스 항로에 위치한 이 발전기의 전력 생산 능력은 1메가와트에 달한다.

영국의 이스트요크셔에 있는 루나르에너지는 2009년 5월 1메가와트의 상용 터빈 시제품(Rotech Tidal Turbine과 공동 개발함)을 모의 전력망에 성공적으로 통합시켰고, 육상 시험에서 전력을 생산했다고 발표했다. 루나르에너지는 2008년에는 한국중부발전(주)과 완도 횡간수도에 300기의 터빈을 설치하기로 했다. 계획대로 진행된다면 한국중부발전(주)은 2015년 12월부터 300메가와트의 재생 가능 에너지를 생산할 수 있을 것이다.

2009년, 뉴멕시코 주 앨버커키에 있는 샌디아국립연구소도 에너지부로부터 첨단 수력 발전 기술 지원비 900만 달러를 3년간 제공받을 것이라고 발표했다. 연구소는 새로운 설계를 검토하고, 소재·코팅·접착제·유체역학 등의 기초 연구를 비롯해 기업들이 상업용 제품을 내놓을 수 있도록 지원할 예정이다. 또한 퇴적물 증가율, 물의 흐름, 수질, 소음 등 환경 요인도 함께 살필 계획이다.

법적 규제

터빈이 효과적으로 동작한다는 사실은 다양한 시험을 통해서 입증되고 있지만, 사실 조력을 상업적으로 이용하는 데 가장 큰 장애는 법적 규제다. “그렇다고 기술적인 문제가 전혀 없다는 뜻은 아닙니다. 어쨌거나 시험을 하려면 물속에 터빈을 설치부터 해야 하는 거니까요.” 베다르드가 말한다.

환경영향평가에 들어가는 비용은 갓 시작한 회사로서는 실험실 수조에서 시험한 장비를 실제 물속에 설치하기 위해 에너지규제위원회의 허가를 얻는 것과 마찬가지로 커다란 장벽이다. 타일러에 따르면 버던트파워는 이스트 강 프로젝트에 최소 900만 달러를 썼는데, 이 중 3분의 1이 터빈이 이 부근을 지나가는 선박, 해양 생물, 물고기의 이동 등에 미치는 영향을 분석하는 데 투입되었다고 한다. 물론 연방정부와 주정부에서 일부 지원을 받긴 했다.

크로우즈는 하이드로그린에너지도 터빈 설치가 해스팅 시 주변의 조류, 어류, 수질에 미치는 영향을 분석해야 한다고 이야기하며, 에너지규제위원회의 허가를 얻는 데 들어가는 비용이 "아주 부담스럽다"고 덧붙였다. 어류에 미치는 영향 연구에 40만 달러, 조류는 4만 5,000달러가 들었다고 한다.

베다르드는 말한다. "상업적 프로젝트는 정부를 상대하는 비용을 감당하기가 힘듭니다. 이런 프로젝트가 정말로 현실화되고 실제로 전기를 공급하려면 경제적으로 개발이 가능한 절차가 마련될 필요가 있습니다."

5-4 바다와 강이 만나는 곳

애덤 하드하지

대기를 오염시키고 기후 변화를 촉발하는 화석 연료의 대안을 찾는 과정에서 강과 바다가 만나는 지점이 관심의 대상으로 떠올랐다. 유럽에서 진행 중인 두 프로젝트는 담수와 염수가 자연스럽게 평형 상태를 이루는 현상을 이용해서 청정 에너지를 만들어내려 하고 있다.

'염분 발전'(삼투압 발전, 농도차 발전으로도 불린다)은 수십 년 전에 나온 개념이지만, 이제는 경제성을 충분히 갖췄다는 주장도 만만치 않다.

2009년 11월 24일, 노르웨이에서 압력지연삼투(pressure retarged osmosis) 방식 발전용 대규모 시험 시설이 가동을 시작할 예정이다.* 이 시설을 건설하는 노르웨이 국영 전력 회사인 스탯크래프트(Statkraft)의 부사장 스탠 에릭 스킬하흔(Stein Erik Skilhagen)은 "이 프로젝트의 주요 목적은 그간 많은 연구를 하긴 했지만 실제 실험을 통해서 삼투압 발전이라는 큰 질문에 대한 답을 구하려는 것이다"라고 설명한다. 이 시설에서 만들어지는 아주 적은 양의 전기가 전력망에 공급되긴 하겠지만, 실제 이 전기의 구매자는 없다.

* 발주사인 스탯크래프트는 2012년 12월 20일 프로젝트를 공식적으로 중단했음.

이 500만 달러짜리 시험 발전소는 오슬로 남쪽 약 60킬로미터에 위치한 해안 마을 토프테(Tofte)에 있는 제지 공장을 개조한 것이다. 압력지연삼투 설비는 반투막 양쪽에 민물과 염수를 배치해서 소금의 이동을 막고 물만 막을 통과할 수 있도록 되어 있다. 민물이 자연적으로 염수가 있는 쪽으로 이동하면서 약 120미터 높이의 물이 만들어내는 정도의 압력을 만들어내는데, 이 압력을 이용해서 발전기를 돌리는 것이다. 스탯크래프트는 반투막 1제곱미터당 5와트의 전기를 만들어내는 것을 목표로 하고 있는데, 현재 수준은 3와트 정도다. 이 시도가 성공한다면 2015년부터는 고객들에게 가장 저렴한 경우 석탄이나 천연가스 발전소에서 만들어진 전기와 비슷한 수준인 1kWh당 7~14센트(현재의 유로-달러 환율 기준)의 가격에 압력지연삼투 방식으로 만들어진 전기를 판매할 계획이다.

네덜란드 남부에서는 웻수스(Wetsus)라는 연구 회사가 유사한 원리로 동작하는 담수-염수 배터리 시험을 시작했다.

웻수스는 분사한 레드스탁(Redstack)과 협력해서 '블루 에너지'로 불리는 염분 발전 기술을 개발 중이다. 웻수스 기술담당 이사 헤르트 얀 외브링크(Gert Jan Euverink)에 따르면, 대형 냉장고 2배 정도 크기의 시험 설비가 와던(Wadden) 해 근처의 할린전(Harlingen)에서 가동 중이라고 한다. 이 기술은 전기 투석을 거꾸로 진행시키는 것으로, 담수와 염수를 지하 배관을 통해서 막 양쪽으로 모은다. 그러면 염수에 녹아 있는 나트륨 또는 염소 이온(소금의 구성 원소)이 막 반대편의 담수로 흘러들어간다. 그러면 막이 배터리처럼 전하를 띠고, 이 전하가 철과 반응해서 전류를 만들어낸다. 웻수스의 연구원 요스트 비어만(Joost Veerman)은 스탯크래프트와 마찬가지로 막 1제곱미터당 5와트의 전기를 만들어내는 것이 목표라고 말했다.

두 회사 모두 첫 시도에서 기대하는 수준은 몇 킬로와트, 즉 물을 끓일 수 있는 정도의 전력 생산이다. 하지만 이보다 대규모로 확장이 가능해지면서 경제성을 갖춘 기술을 시험하고, 염분 발전이 강 어귀의 환경에 미치는 영향을 살펴보는 것이 더 중요한 목적이라고 할 수 있다. 스탯크래프트는 염분 발전으로 전 세계 전력 수요의 10퍼센트에 달하는 최대 1,700TWh의 전기를 만들어낼 수 있을 것으로 보고 있다.

염분 발전은 여러 면에서 매력적이다. 우선 태양열이나 풍력과 달리 날씨에 의존하지 않고, 석탄, 천연가스나 원자력처럼 예측 가능하며, 일정한 양의 전기를 만들어낸다. "강물은 하루 24시간 바다로 흘러들기 때문에 언제나 사용 가능한 에너지원이 확보되어 있는 셈이다"라고 스킬하흔은 이야기한다. 또한 어차피 강 어귀에 있게 마련인 염수 이외에는 다른 배출물이 없다는 점도 장점으로 들었다.

일반적인 수력 발전과 달리 염분 발전 시설은 댐을 건설해서 물길을 막지도 않고, 강바닥에 설치되는 터빈이나 해수면에 떠 있는 발전기 등에 비해 건설이 용이하다. 삼투막, 발전기, 청정 설비, 사무 공간 등을 포함한 염분 발전 시설은 강변의 공장지대 지하실에 설치할 수 있을 정도의 크기이고, 강둑 지하에 이미 설치된 배관들 사이에도 설치할 수 있기 때문에, 스킬하흔은 이미 인구가 밀집한 해안 지역에 건설이 가능한 것도 큰 장점이라고 이야기했다.

두 회사로서는 삼투막의 설계와 성능을 개선하는 것이 중요한 과제다. 삼투막은 효율이 더 높고 내구성이 있어야 하며 생물 부착 현상이라고 불리는 미생물 번식에도 견딜 수 있어야 한다. 스킬하흔은 주입되는 물에서 유기물과 하천의 오물을 걸러내는 사전 처리가 도움이 되긴 하지만, 이 과정에서 소비되는 에너지가 만만치 않고 비용도 상당히 든다고 지적하며, 현재로서는 비용을 추산하기 힘들다고 이야기했다.

전문가들은 염분 발전의 가능성에 대해서 아직 조심스런 입장을 취한다. 헬싱키공과대학교의 기계공학 및 열역학 교수인 아리 세팔라(Ari Seppala)는 "두 방법 모두 충분히 연구할 가치가 있긴 합니다만 실제로 상품화가 되려면 두 방법 모두 기술적 혁신이 있어야만 됩니다"라고 이야기한다. 그는 현재로서는 개선된 삼투막을 개발하는 데 큰 장애가 있다고 보진 않지만, 염분을 이용해서 발전을 하려면 삼투막이 필요없는 방식을 개발할 필요가 있다고 생각한다.

또 한 가지 불확실성은 염분 발전 설비가 주변 해양 생태계에 미치는 영향이다. 예일대학교 화학 및 환경공학과의 메나쳄 엘리멜렉(Menachem Elimelech) 교수는 "이런 규모로는 시도된 적이 없기 때문"이라고 이유를 설명했다. "전혀 환경에 영향이 없으리라고 생각하긴 어렵습니다." 그러나 환경에 미치는 영향이 무시할 만하고, 삼투막 기술이 발전한다면 염분 발전이 "아주 중요한 재생 가능 에너지가 될 것"이라고 덧붙였다.

6

땅속 열을 이용하는 지열 발전

6-1 폐수에서 얻는 청정 에너지

제인 브랙스턴

산타로사 주민들은 변기의 물을 내리면 전등을 켤 만한 전기가 적립된다. 캘리포니아 주에 있는 이 도시에서는 어제 내린 변기 물이 오늘은 전기가 되어 돌아온다.

산타로사 시와 에너지 회사 캘파인(Calpine)은 지열을 이용하는 세계 최대 규모의 하수-전기 생산 프로젝트를 함께 진행하고 있다. 도시 폐수를 이용해서 주민뿐 아니라 어류의 생활 환경도 개선하는 청정 에너지를 만들어낸다. 시 입장에서는 러시안 강에 폐수를 배출할 때 부과하던 벌금을 폐지했고, 4억 달러에 이르는 새 하수 저장 시설도 건설할 필요가 없어졌다. 캘파인은 과도하게 이용되던 지열 발전소를 새롭게 정비할 수 있게 되었다.

산타로사 가이저 충전 프로젝트(Geysers Recharge Project)는 매일 처리된 폐수 1,200만 갤런을 파이프 라인을 통해서 40마일 떨어진 산꼭대기로 보내고, 이 물을 지하 1~1.5마일 깊이에 있는 대수층에 부어 넣는다. 지하에 있는 뜨거운 암석이 물을 데워 증기로 만들고, 이 증기가 관을 통해 지상으로 나와 발전기를 돌리는 것이다. 이웃한 레이크 카운티에도 하루 800만 갤런의 폐수를 이용하는 비슷한 시설이 있다. 이 두 시설에서는 200메가와트의 전기(보통 크기의 화력 발전소 출력과 비슷한)를 아무런 온실가스나 오염 물질을 배출하지 않으면서 만들어내고 있다. 만들어진 전기의 일부는 남쪽으로 70마일 떨어진

샌프란시스코까지도 보낸다.

오바마 행정부는 지열이 청정 에너지원이라고 홍보한다. 미국 에너지부는 이 방법으로 2050년에는 전체 전력의 10퍼센트를 공급할 수 있다고 하며, 일부에서는 이보다 더 높게 보기도 한다. 하지만 그러려면 여기저기에서 땅을 뚫는 계획은 물론이고, 증기를 뽑아내는 과정에서 발생하는 소규모 지진에 대해서도 고려할 필요가 있다. 사실 캘파인의 프로젝트가 실시되는 곳 주변 주민들은 땅이 빈번하게 흔들리고 있다고 말하고 있으며, 비슷한 지열 발전이 근방에 추가되면 문제가 더 악화할 것으로 우려한다. 그러나 산타로사 시 시설담당 부국장 댄 칼슨(Dan Carlson)은 시 입장에서는 장점이 많다고 이야기한다. 그리고 캘파인과 공동으로 사업을 추진한 덕분에 엄두조차 내기 어려웠던 대규모 공익 사업을 효과적으로 진행하게 되었다고 말했다. 다른 지방자치단체들도 유사한 지열 발전을 고려 중이다. 칼슨은 "지역마다 특색이 있습니다. 저희가 얻은 교훈은 각 지방자치단체마다 적합한 방법을 찾아야 한다는 겁니다"라고 이야기했다.

버리지 말고 모아서 쓰기

산타로사 시에는 특이하게도 화산 분기공(증기가 새어나오는 바위 속 구멍)이 널려 있는, 간헐 온천(geyser)이라는 이름으로 잘못 붙여진 가이저 지역이 있다. 마야카마스 산맥에서 뿜어져 나오는 증기는 시내에서도 보이지만, 최근까지는 그저 멀리 보이는 풍경에 불과할 뿐이었다. 1993년 산타로사 시는 멸종 위기에 있는 은연어와 스틸헤드 송어가 서식하는 러시안 강에 폐수를 불법적으로 버렸다가 주 당국으로부터 예산 집행 정지 명령을 받아 지불유예를 선언해야 할 상황에 처했다. 시 공무원들은 적당한 비용으로 주정부의 환경 기준에 맞는 폐수 저장 및 처리 시스템을 마련할 궁리를 했다. 마야카마스 산맥 너머 레이크 카운티 공무원들도 불법 폐기물을 캘리포니아 최대의 담수호인 클리어 호에 폐기했다가 주 정부로부터 유사한 지시를 받았다. 설령 법적으로 문제가 없다고 해도, 폐수에는 분명히 수중 생물에게 해로운 성분이 포함되어 있다.

두 지역 사이의 높은 산 위에서 캘파인 지열사업부 임원들도 진퇴양난에 빠져 있었다. 지열로 전기를 만들어내면서 지하의 에너지가 자연적으로 감소하는 속도보다 빠르게 줄어들고 있었다. 캘파인의 발전 설비는 말 그대로 땅에서 솟아나는 증기로 동작하는 것이었다. 회사는 증기가 뿜어져 나오는 곳에 주입해서 다시 증기 분출량이 늘어나게 해줄 수자원을 애타게 찾고 있었다.

캘파인이 산타로사 시, 레이크 카운티와 제휴를 맺으면서 한 가지 해결책으로 세 곳 모두 문제를 해결할 수 있게 되었다. 그건 바로 폐수를 물이 필요한 곳으로 옮기는 것이었다. 현재 세계 최초로 재활용한 물을 전기로 바꾸는 프로젝트가 레이크 카운티에서, 세계 최대의 프로젝트가 산타로사에서 확장 기회를 기다리고 있다. 레이크 카운티는 파이프라인을 클리어 호 너머까지 연장해서 레이크포트를 비롯한 다른 지역의 폐수도 끌어오려고 계획하고 있다. 이웃한 윈저는 2008년 11월, 하루 70만 갤런의 폐수를 산타로사 파이프라인에 공급하기로 30년 계약을 맺었다.

두 카운티 관계자들은 이 프로젝트가 환경 측면에서 성취한 성과에 흡족해하고 있지만, 규제와 재정적 측면에서 확보한 안정성에도 아주 만족해한다. 칼슨은 말했다. "이건 사업적인 결정이었습니다. 더 저렴한 해결책이 있다면 우리와 캘파인사 모두에게 좋은 일이지요."

새로운 산업의 발상지

가이저 지역에서 증기의 양이 줄어든 것은 지난 몇 년에 걸쳐 이를 과도하게 이용했기 때문이다. 산 안드레아스 단층대 동부에 위치한 가이저는 수천 년 동안 증기를 뿜어내고 있다. 지하 5마일 이상의 깊이에 있는 거대한 마그마가 암석층을 달구고, 이 경사암(硬砂岩) 지대에 고인 물이 끓으면서 증기가 되어 겹겹이 쌓인 바위 층 사이의 가느다란 틈을 통해서 분출되는 것이다.

1847년 대규모 측량팀의 일원이던 윌리엄 벨 엘리엇(William Bell Elliott)이 이곳에 가이저라는* 이름을 붙였다. 사실 그가 본 것은 가끔씩 뜨거운 물을 장대하게 뿜어내는 간헐 온천이 아니라 분기공(噴氣孔)이었다. 하지만 그가 잘못 붙인 이름이 자리를 잡게 되었다. 이곳 발견에 관한 이야기는 J. P. 모건, 율리시즈 그랜트 대통령, 시오도어 루스벨트 대통령을 비롯한 수많은 관광객을 끊임없이 불러들였다. 그러다가 1930년대 중반에 일어난 호텔 화재, 산사태, 전쟁으로 인해 관광객이 급감했다.

*간헐 온천이라는 의미.

6-1

방문객의 발길이 끊이지 않아 주민들이 마치 '끓는 천사'가 있는 것처럼 느끼던 시절, 존 그랜트(John D. Grant)가 가이저에 미국 최초의 지열 발전소를 건설했다. 완공된 해는 1921년이었다. 파이프에 구멍이 나고 지하에 파이프를 박는 과정에서의 어려움에도 불구하고 그랜트는 250킬로와트의 전기를(가이저 리조트의 거리와 건물을 밝히는 데 충분한 양) 만들어내는 데 성공했다. 1960년에는 기술 발전 덕택에 대규모 지열 발전이 경제성을 갖게 되었다. 암석층을 뚫고 파이프를 땅속에 박아 증기를 꺼내는 방법으로 퍼시픽 가스 전기 회사는 11메가와트의 발전소를 운영했다. 다른 회사들도 1970년대와 1980년대에 발전소를 추가로 건설했다. 가이저에서의 발전량은 1987년에 2,000메가와트로 정점을 찍었는데, 이 정도면 200만 가구의 수요를 감당하고도 남는 수준이었다. 캘파인이 지열 사업에 뛰어든 것은 1989년으로, 현재 이 회사는 가이저의 40평방마일 넓이의 비탈에 분포한 수많은 증기 배출구 사이에 자리한 발전소 21곳 중 19곳을 운영 중이다.

줄어드는 증기

이처럼 땅을 파서 증기를 끌어내는 데는 대가가 있게 마련이다. 강수량은 뽑아낸 증기량을 메울 정도가 못 됐다. 1999년이 되자 발전량이 급격히 감소해서 캘파인의 임원들은 땅속에 주입할 물을 구할 방법을 찾아야만 했다. 2억 5,000만 달러가 소요되는 산타로사 프로젝트는 산맥 반대편의, 증기 발생 지역에 더 가까이 위치한 레이크 카운티보다 기술적으로 훨씬 어려운 과제였다.

폐수를 산타로사에서 가이저까지 가져오려면 파이프라인이 시가지 아래와 주거 지역, 들판을 가로지른 뒤 마야카마스 산맥의 3,000피트 높이까지 도달해야 했기 때문이다.

파이프라인은 되도록 눈에 안 띄게 설치되었다. 산타로사 시의 가이저 운영 담당자인 마이크 셔먼(Mike Sherman)은 "이곳은 환경에 민감한 곳이고 우리 모두가 이 시스템의 관리자인 셈이니까요"라고 말한다. 시내에 위치한 라구나 폐수 처리장에서 시작되는 파이프라인은 야생 사과나무 숲을 지나 붉은 매드론나무와 장관을 이루는 떡갈나무 숲을 따라 도로 뒤편에서 산으로 올라간다. 대부분의 지역은 비영리 환경보호단체인 오듀본 캘리포니아(Audubon California)에 의해 자연보호구역으로 지정되어 있다.

가파른 1차선 도로를 따라가면 정상에서 흔히 볼 수 있는 물탱크와 내용물만 빼고는 똑같은 모양의 3층짜리 짙은 녹색 탱크를 만날 수 있다. 이 안에는 폐수가 100만 갤런 들어 있다. 폐수는 3단계에 걸쳐서 처리된다. 우선 퇴적 탱크에서 그리스, 기름, 그 밖의 오염 물질을 걸러낸다. 생물학적 처리 단계에서는 유기물을 분해해서 영양분과 혼합물을 제거한다. 마지막으로 모래와 활성탄소 필터를 통과하고 나서도 남아 있는 유기물과 기생충을 제거한다. 이 과정을 거친 폐수에 자외선을 쐬어 박테리아를 없앤다.

캘파인은 매년 250만 달러 상당의 자체 발전한 전기를 써서 물을 이곳까지 보내고, 마야카마스 산맥 정상 동쪽의 분기공 지역에 주입하기 전까지 보관한다. 탱크가 있는 곳을 지나면 햇빛을 받아 은빛으로 반짝거리는 파이프라인이 계곡과 소나무 숲을 따라 산을 내려간다. 0.5마일 떨어진 곳에 위치한 발전소에서는 지하에서 끌어올린 증기가 발전기를 돌리고 깔대기 모양의 탑을 지나면서 응축되며 물이 되어 다시 지하로 주입된다. 세계 최대 지열 발전소는 산들바람 속에서 낮게 웅웅거리는 발전기 소리가 들리는, 이상하고도 비현실적인 전원 풍경을 눈앞에 보여준다.

높아지는 지진 우려

그러나 이곳에서 20마일 이내에 거주하는 주민들에겐 이 풍경이 전혀 아름답지 않다. 캘파인 사가 처리된 폐수를 지하에 주입하기 시작한 후, 지역 주민들은 이전보다 훨씬 더 자주 지진을 겪고 있다. 가이저에서는 2003년 이후 지진이 60퍼센트나 증가했다. 가장 가까운 현장에서 1마일도 채 떨어져 있지 않은 앤더슨 스프링스에서는 2,562회의 흔들림이 관측되었고, 그중 24번은 규모 4.0이 넘었다. 샌프란시스코대학교에 근무했던 은퇴한 교수이면서 1939년부터 가이저 부근에 때때로 거주해 온 해밀턴 헤스(Hamilton Hess)는 대부분의 흔들림은 별 피해를 일으키지 않지만, 일부는 선반 위에 놓인 물건이 떨어지고 건물에 금이 갈 정도라고 이야기한다. 다른 주민들의 이야기는 보다 직접적이다. 앤더슨 스프링스 주민협의회장인 제프리 고스페(Jeffrey D. Gospe)는 "계곡에서부터 우르렁거리는 소리가 들려옵니다. 그 소리가 도달하면 집 아래에서 무슨 폭발이 일어난 것 같아요"라고 이야기했다.

2009년 주민들은 앤더슨 스프링스에서 불과 2마일 떨어진, 가이저 분기공 지역 밖에 건설 중인 실험용 시설이 더 큰 지진을 유발할 수 있다는 사실을 알게 되었다. 그 지역에서는 분기공 같은 지열 활동이 전혀 없기 때문에, 소살리토에 본사를 둔 알타락에너지(AltaRock Energy)는 뜨거운 암반을 2마일 이상 뚫어서 물을 주입하고 증기를 뽑아냈다.

스위스 바젤에서도 유사한 방식의 '개량 지열' 프로젝트로 인해 규모 3.4의 지진이 일어났다. 기준에 따라서는 크지 않은 지진이지만 이로 인한 재산 피해는 800만 달러에 달했다. 알타락사 관계자는 레이크 카운티에서의 프로젝트는 지반의 특성이 다르고, 주요 단층대에서 멀리 떨어져 있다고 주장한다. 또한 스위스에서는 쓰이지 않는 기술을 쓰고 있다고 설명했다. 하지만 주민들은 알타락의 환경 분석에 오류가 있고 빠진 부분도 있다고 지적하며 반발했다.

과학자들은 오래전부터 지면 아래에서 마그마에 의해 가열된 증기를 빼내면 암석의 온도가 내려가면서 암석이 수축한다는 사실을 알고 있었다. 미국 지질측량국의 지진학자 데이비드 오펜하이머(David Oppenheimer)는 이런 수축 때문에 암반이 조금씩 움직이고, 그 결과 작은 규모의 지진이 발생하는 것이라고 설명한다. 증기가 빠져나간 공간도 함몰하면서 흔들림을 유발한다.

산타로사 프로젝트를 계획했던 관리들도 지진 활동이 늘어날 것을 예상했었다. 하지만 시 당국은 폐수 처리 문제의 해결과 청정 에너지 생산의 이점이 훨씬 크다며 이 사업의 추진을 결정했다. 가이저에서 반경 20마일 이내에 거주하는 주민 500명에게는 별 의미가 없는 일이다. "산타로사 시의 폐수인데

그곳 주민들은 이 때문에 지진을 겪지 않아요." 헤스가 말했다.

그를 비롯해 많은 사람들은 산타로사 시와 레이크 카운티의 시설 확장 계획에 우려를 나타낸다. 더 많은 곳에 더 많은 물을 주입하면 결국 "더 큰 지진이 오지 않을까?" 오펜하이머는 그렇지는 않을 것이라고 말했다. 증기 생산량을 늘리면 규모 2.0 이하의 지진은 늘어나겠지만 규모 8.0 같은 큰 지진은 대규모 단층이 아니면 일어나지 않으며, 가이저 지역에는 작은 규모의 균열밖에 생기지 않기 때문이다. 오펜하이머는 30년 이상 이곳을 관측한 바에 따르면 가장 큰 지진은 규모 4.5였다고 한다.

그러나 알타락사의 계획은 더 강력한 지진에 대한 우려를 불러왔다. 2009년 9월 연방정부는 지진 가능성에 대한 과학적 분석 결과가 나올 때까지 잠정적으로 프로젝트를 중지시켰다. 미래가 불확실해진 알타락사는 2009년 사업 중단을 발표했다. 2010년 1월, 에너지부는 개량 지열 발전에 관한 안전 규정을 발표했다.

더 많은 곳에 혜택을

산타로사 시와 레이크 카운티는 폐수를 이용해서 200메가와트의 전기를 얻고 있고, 덕분에 석탄 화력 발전소를 이용할 때보다 온실가스 배출량을 연간 20억 파운드나 감축시켰다. 시와 주변 마을에서는 러시안 강과 클리어 호에 더 이상 폐수를 배출하지도 않고 폐수 저장 및 처리 시설을 추가로 건설할 필요도 없어졌다. 또한 캘파인사가 러시안 강 지류(이 회사가 물 사용권을 갖고 있다)에서 물을 끌어다 쓰는 대신 폐수를 사용하기 때문에 강물의 수량도 많아졌다.

지열을 미국 전역으로 확장하고자 하는 기업과 과학자들에게 캘파인사의 프로젝트는 소중한 경험이 되었다. 하지만 알타락사의 실패로 인해, 지면에서 지열 활동이 일어나지 않는 곳에서 지하 깊숙이 파들어가야 하는 개량 지열에 대한 관심은 줄어들 수밖에 없다. 지속 가능 에너지 시스템을 연구하는 코넬대학교 제퍼슨 테스터(Jefferson W. Tester) 교수는 연구 결과 개량 지열 발전으로 미국에서 10만 메가와트 이상의 전기를 만들어낼 수 있다고 말한다. 2009년 5월, 오바마 행정부는 개량 지열 발전 프로젝트용으로 책정된 8,000만 달러를 포함해 3억 5,000만 달러의 지열 예산을 확보했다.

암반에 주입할 물이 확보되지 않은 많은 곳에서도 가이저에 있는 발전소들은 참고가 된다. 칼슨은 이들 발전소가 강물 대신 처리된 폐수를 이용해서도 경제성이 있는 지열 발전이 가능하다는 사실을 보여주고 있기 때문이라고 설명한다. 물론 안전 관련 영향은 좀 더 연구가 필요하다. 하지만 그는 여전히 낙관적이다. "주민도 환경도 모두 혜택을 보고 있고, 전 세계 어디서나 이 방식을 적용해서 환경을 개선할 수 있습니다."

탱크
냉각수
냉각탑
터빈
수증기
증기 생산정
정화수
유입
천연 배출구
(분기공)
물 분사
덮개암
흡수층
증기
마그마

6-2 새로운 지열 발전 기술

마크 피셰티

30개가 넘는 주에서 전력 회사들이 일정 비율 이상의 전기를 재생 가능 에너지원에서 만들도록 하는 '재생 가능 에너지 포트폴리오 표준'이 통과되었거나 검토 중이다. 많은 전력 회사들은 지하에서 뜨거운 물이나 증기를 뽑아내는 지열 발전소를 유력한 대안으로 보고 있다.

전력 회사들이 지열 발전에 적극적이지 않았던 이유는 깊이 파내려가야 하는 시추 비용을 포함한 건설비가 매우 높을 수 있기 때문이었다(지열 발전은 지면이 아니라 지하 깊은 곳에서 물을 얻는다). 그러나 일단 가동을 시작하면 연료가 필요 없고, 배출 가스도 거의 없다. 콜로라도 주 골든에 위치한 국립재생가능에너지연구소의 지열기술부장 제럴드 닉스(Gerald Nix)는 "발전소가 가동되는 전체 기간의 비용을 계산해보면 지열 발전 비용이 석탄 화력 발전보다 같거나 저렴하다"고 말한다.

또한 매사추세츠공과대학교에서 발표한 연구 결과에 따르면 지열 에너지는 미국 전역에 아주 풍부하다. 닉스도 "지열은 심할 정도로 활용이 안 되고 있다"고 말한다.

위치한 곳에서 확보되는 물의 온도에 맞춰 설계된 몇몇 발전소가 몇 년째 가동되고 있다. 흔히 플래시(flash)* 발전소로 불리는 형태가 가장 흔

*높은 압력을 받던 지하의 뜨거운 물이 지상으로 나오면서 순식간(flash)에 증기로 변하는 성질을 이용.

하다. 그러나 앞으로는 "바이너리* 발전소가 대다수를 차지할 것"이라고 닉스는 말한다. 바이너리 발전은 지하에서 끌어낸 물이 다른 액체를 증발시키도록 하는 방식으로, 물의 온도가 낮은 경우에도 쓸 수 있기 때문에 보다 많은 곳에서 지열 발전이 가능하다.

*두(binary) 단계를 거치기 때문에 붙인 이름.

일부에서는 지하의 뜨거운 물이 증기로 변환되었다가 냉각되는 과정에서 손실이 발생하므로 결국 지하의 수량이 급격히 줄어들 것을 우려하기도 한다. 그러나 물이 손실되는 속도가 아주 빠르지만 않다면 물은 지구 내부에서 자연적으로 보충된다. 또한 바이너리 방식 발전소는 운영비가 더 들긴 하지만 지상으로 추출된 물 거의 대부분을 다시 지하로 돌려보낸다.

아마 전력 회사들은 앞으로 고온 건조한 암석에서도 증기를 얻을 수 있는 '개선된' 방식을 사용할 수 있게 될 것이다. 일반 가정도 마당에서 개별적으로 이 기술을 이용할 수 있다. 단지 3미터가량만 파내려가면 온도가 1년 내내 섭씨 10도에서 15도 정도를 유지한다. 액체가 채워진 관이 이곳을 지나도록 설치하면 여름에는 냉방, 겨울에는 난방 효과를 가져다주는 열 펌프가 된다. 닉스의 이야기를 들어보자. "새로 집을 지을 때 열 펌프를 설치하려면 보통 일반적인 난방 기구보다 비용이 더 듭니다." 하지만 열 펌프는 약간의 전기 말고는 연료가 따로 필요없다. "4~5년이면 설치 비용이 회수되고 그 이후부터는 이득인 거죠."

7

차량용 동력원

7-1 차세대 바이오연료

멜린다 웨너

미국인들은 1년에 1,400억 갤런의 석유를 소비한다. 연비가 더 좋은 차량의 보급이 확대된다고 해도 향후 차량과 항공기 이용의 증가로 인해 20년간 석유 소비는 20퍼센트 이상 증가할 것이다. 버락 오바마 대통령을 비롯한 정책입안자들이 태양열, 풍력, 지열뿐 아니라 바이오연료 사용을 촉진시키려는 이유가 바로 여기에 있다.

여기서 이들이 말하는 바이오연료는 이미 환경에 해를 입히고 낭비라는 사실이 증명된, 옥수수로 만드는 에탄올이 아니다. 미국 유수의 첨단 기술 개발 연구소에서 이스트, 해조류, 박테리아와 같은 하등 생물을 이용해서 휘발유와 경유를 대체할 수 있는 연료를 만들어내려 시도하고 있다. 지금의 연료를 바로 대체할 수 있도록 경제성을 확보한 상태에서 대량생산이 가능한지가 관건이다.

차세대 바이오연료가 확보된다면, 지금까지와 마찬가지로 주유소에서 이 연료를 구입하면 된다. 게다가 중동에서 수입하는 것이 아니라 미국에서 미국 기업이 제조한다. 바이오연료도 이산화탄소를 배출하긴 하지만, 이 바이오연료의 원료가 만들어질 때 동일한 양의 이산화탄소를 흡수하기 때문에 바이오연료는 태생적으로 탄소 중립적이다.

옥수수는 이제 그만

휘발유는 석유를 정제해서 얻는다. 석유 회사에 의존하기 싫었던 사람들은 예전부터 식당에서 쓰고 난 식물성 식용유를 얻어다 창고의 탱크에 저장한 뒤, 바이오연료를 만들어 자신의 낡은 자동차에 사용하곤 했다. 하지만 현재 바이오연료 시장의 대부분은 곡물 알코올이라고 불리는 에탄올이다. 이 에탄올은 옥수수를 발효시켜(맥주나 와인을 만드는 과정과 마찬가지다) 만든다. 커다란 통에 옥수수와 이스트를 함께 넣으면 이스트가 옥수수의 당분을 먹어 에탄올과 물로 분리된다. 오늘날 미국에서 판매되는 휘발유의 40퍼센트 이상에 에탄올이 포함되어 있다. 흔히 E10이라고 불리는 휘발유에는 에탄올이 10퍼센트 섞여 있다. 특히 중서부를* 포함한 몇몇 지역에서는 에탄올의 비율이 85퍼센트에 이르는 휘발유(E85)가 다종연료(flex-fuel) 엔진을 장착한 차량용으로 판매되고 있다.

*옥수수의 주산지임.

에탄올의 원료로 옥수수가 사용되는 이유는 발효 과정이 입증되었고 정부의 보조금을 지원받기 때문이다. 전통적으로 옥수수 재배가 활발했던 농업계는 정부를 설득해서 자신들의 이익을 지켜내는 데 성공했다. 하지만 대부분의 과학자는 옥수수 에탄올에 부정적이다. 코넬대학교의 데이비드 피멘텔(David Pimentel)이 발표한 연구 결과에 따르면, 1갤런의 에탄올을 만드는 데 21파운드의 옥수수가 필요하고, 이만큼의 옥수수를 생산하려면 0.5갤런의 화석 연료가 필요하다.

전문가들은 옥수수를 이용해서 연료를 생산하면 식량이 부족해질 뿐 아니라, 생산 과정의 비효율성이 심각해서 국가의 에너지 수급 전반에 영향을 준다고 지적한다. 콜로라도 주에 있는 에너지 정책 관련 비영리 단체인 로키마운틴(Rocky Mountain) 연구소의 바이오연료 전문가인 버지니아 레이시(Virginia Lacy)는 "에탄올 생산 방식과 차량용 연료 수요를 살펴보면, 이 방식이 해결책이 될 수 없다는 게 자명하다"고 말한다.

대부분의 전문가들은 옥수수 에탄올을 포기할 때가 되었다고 생각하지만, 대안에 대해서는 의견이 두 가지로 갈린다. 캘리포니아주립대학교 버클리 캠퍼스의 화학 엔지니어 제이 키슬링(Jay Keasling)은 스위치그래스같이 성장이 빠르고 병충해에 강한 식물에서 에탄올을 비롯한 연료를 만들어내려는 사람들 중 한 명이다. 그가 맞닥뜨린 가장 어려운 과제는 식물의 줄기를 포함해서 모든 부분을 먹는 이스트와 같은 실험용 미생물을 확보하는 것이다. 또 한 가지 문제는 식물을 재배하는 데 시간이 많이 걸리는 것은 차치하더라도, 원료가 되는 식물을 운송 및 보관하는 데 많은 공간이 필요하다는 점이다. 식물을 이용한 연료 생산량은 수요를 따라가기 어려울 가능성이 있다.

일부에서(인간 게놈 프로젝트에서 핵심적 역할을 한, 매릴랜드 주 록빌에 있는 게놈 연구소 소유주이자 생물학자인 크레이그 벤터를 포함함) 다른 방향으로 연구를 진행하는 것은 바로 이 때문이다. 이들은 최선의 바이오연료는 곡물을 이용하지 않아야(중간 매개체를 완전히 배제해야) 하고, 대신 식물처럼 광합성을 통해서 햇빛을 곧바로 에너지로 바꾸는 해조류와 몇몇 미생물을 활용해야 한다고 생각한다. 그러나 아직 이 방식을 대규모로 적용할 수 있을지는 확인되지 않았다. 키슬링은 이야기한다. "해조류의 가능성이 아직 제대로 연구되지 않았다고 생각합니다. 확인해 봐야죠."

바이오연료를 성공적으로 만들어내려면 미생물을 다루는 방법이건, 아주 새로운 방법을 찾건 많은 연구가 필요하다. 많은 벤처 기업들이 이스트, 해조류, 박테리아에서 바이오연료를 만들어내고 있다. 이들 중 여러 회사는 2011년까지 기존 차량에 바로 주입 가능한 휘발유와 경유 대체 연료를 만들어내겠다고 공언한다. 물론 처음에는 E10처럼 휘발유나 경유와 섞어 판매되겠지만, 언젠가는 바이오연료만을 사용하고 석유에서 정제된 연료는 전혀 쓰지 않게 될 날이 올지도 모른다.

바이오 윌리, Q 마이크로브

키슬링의 아이디어에서 흥미로운 점은 미생물이 특이하게 쓰인다는 것이다. "세포를 어디까지 조작할 수 있는지, 자연의 한계가 어디인지 알아내고 싶다"고 그는 표현한다. 사실상 어떤 화학 반응이라도 일으킬 수 있도록 미생물을 조작할 수 있기 때문에, 개념적으로 미생물은 완벽한 화학 공장이나 다름없다. 또한 실험실에서의 화학 반응은 인간이 지속적으로 주의를 기울여야 하지만 미생물은 자기 복제가 가능하다. 키슬링은 버클리 캠퍼스 교수진에 합류한 1992년 이후, 말라리아 치료제와 생분해 플라스틱, 그리고 다양한 환경오염 물질을 분해하는 박테리아를 만들어냈다.

현재 키슬링의 관심사는 에너지다. 2008년 12월, 그는 에너지부가 지속 가능한 바이오연료 개발연구센터로 지정한 세 곳 중 하나인, 캘리포니아 주에 위치한 합작회사 바이오에너지연구소의 동료들과 함께 흔히 볼 수 있는 이스트를 변형해서 네 가지 다른 미생물이 이용하는 소화 효소를 만들어냈다. 이 특별한 이스트는 식물의 섬유소 분해 능력이 뛰어나서 바이오연료 생산량을 10배까지 늘린다.

네브래스카 주의 작은 마을에 있는 옥수수 농장에서 자란 키슬링은 옥수수 에탄올의 문제점을 잘 알고 있다. 농부들이 화학적 처리를 통해 옥수수에서 당분을 분리한 뒤, 당분을 이스트와 섞으면 이스트가 이를 분해해서 에탄올을 만들어낸다. 옥수수 껍질과 줄기는 버리고, 에탄올 생산에 옥수수가 소비되므로 식용 옥수수의 가격이 올라간다. 환경주의자들도 옥수수나 사탕수수처럼 농업 용수와 화석 연료를 많이 사용해 만드는 비료, 광대한 농토가 필요한 농작물을 이용해서 에탄올을 만드는 데 비판적이다.

현재 키슬링은 옥수수 줄기를 비롯한 많은 종류의 풀, 관목, 나무에 들어 있는 복잡한 구조의 탄수화물인 섬유소를 분해하는 특수한 소화 시스템을 갖는 새로운 형태의 이스트, 박테리아, 고세균류(古細菌類) – 세 가지 종류의 단세포 조직 – 를 개발 중이다. 이 식물들은 곡물을 생산하지 않으므로 에탄올 제조용으로 사용한다고 해도 식량 공급에 영향을 미치지 않는다. 휘발유 소비의 상당 부분을 바이오연료로 바꾸고자 한다면 "식물을 이용해야만 한다"고 그는 말한다.

키슬링은 또한 미생물을 이용해서 '2세대' 바이오연료라고 부르는 부탄올,

이소펜탄올, 헥사데칸을 만들어내는 방법도 연구 중이다. 이 연료들은 구조적으로는 에탄올과 비슷하지만, 성질은 휘발유에 훨씬 가깝다. 체적당 에너지도 더 크다. 에탄올을 연료로 쓰는 자동차는 주행거리가 휘발유 자동차의 67퍼센트에 불과하지만, 부탄올을 이용하면 80퍼센트에 이른다. 또한 에탄올과 달리 이 연료들은 제트기 연료나 경유 대신으로도 쓰일 수 있다.

다른 과학자들도 비슷한 연구를 진행 중이다. 캘리포니아 주에 있는 두 회사 – 키슬링도 창업자 중의 한 명으로 2003년에 에머리빌에 설립된 아미리스바이오테크놀로지(Amyris Biotechnologies)와 산 카를로스의 LS9 – 는 식물을 먹어 바이오디젤을 만들어내는 박테리아를 개발했다. 식물성 식용유를 재활용해서 만드는 것으로 알려져 있는 바이오디젤은 유명한 가수인 윌리 넬슨(Willie Nelson) 같은 극렬 환경주의자들이 애용하는데, 그는 이 연료를 '바이오 윌리(BioWillie)'라고 부른다. 하지만 이 연료를 만들어내기에 충분할 만큼 식용유 자체가 소비되지 않는다. 매사추세츠 주 해들리에 있는 큐테로스(Qteros) 사는 'Q 마이크로브(Q microbe)'라는 이름의 독자적인 박테리아를 이용해서 섬유소가 있는 식물을 분해한 뒤 에탄올로 변환한다. 콜로라도 주 엥글우드에 있는 제보(Gevo) 사는 사탕수수와 섬유소가 있는 식물 폐기물에서 이소부탄올을 만들어내는 박테리아를 개발했다. 캘리포니아공과대학교의 화학 엔지니어이자 제보 사 창업자 중의 한 명인 프랜시스 아널드(Francis Arnold)는 "이건 꿈이 아닙니다"라고 이야기한다. "이 기술은 실제로 잘 동작되거든요."

7-1

사실 바이오연료는 인류가 기원전 1만 년 전인 석기 시대부터 미생물을 이용해 식물에서 에탄올을 추출해 맥주를 만들었을 정도로 새로울 게 없는 존재다. 오늘날 연구되는 기술이 다른 점이라면 식물의 아주 일부만을 먹이로 사용하고 나머지는 고에너지 연료로 뿜어내는 완벽한 미생물을 만들어내려는 데 있다. 키슬링은 말한다. "인류의 생물학 연구가 커다란 변환점을 맞은 겁니다. 자연이 만들어준 대로만 받아들일 필요는 없지요."

연못 위에 자라는 조류

연료를 만드는 데 발효가 최선의 방법이 아니라고 주장하는 과학자들도 있다. 벤터는 결국 자신의 아이디어가 대세가 될 것이라고 믿고 있다. 그는 햇빛에 노출되면 이산화탄소를 원료로 에너지를 바로 만들어내는 미생물이 (마치 경유지 없이 직항으로 운행되는 항공기처럼) "가장 흥미로운" 바이오연료를 만들어낼 것이라고 이야기한다. 이 아이디어는 너무 그럴듯해서 선뜻 믿어지지 않지만, 야망이 큰 벤터는 충분히 가능하다고 주장한다.

지구의 에너지는 태양에서 온다. 지구에 한 시간 동안 내리쬐는 태양 에너지는 인류가 1년간 소비하는 에너지의 양과 비슷하다. 하지만 이 중 식물이 흡수하는 양은 1퍼센트의 10분의 1에도 미치지 못한다. 벤터를 비롯한 몇몇 과학자들은 조류(藻類)와 청록색 박테리아(남조류라고도 함)같이 광합성을 하는 미생물을 이용한 실험을 진행하고 있다. 이 미생물들은 공기 중에서 이산화탄소를 제거할 뿐 아니라 성장도 빨라서, 몇 주에서 몇 달이 걸리는 풀이나 나무와 달리 일부는 12시간 만에 두 배로 늘어난다. 광합성 미생물은 연료의 원료가 되는 지방도 많이 축적한다. 애리조나주립대학교의 생물학자 윌렘 버마스(Willem Vermaas)는 최근 남조류를 조작해서 질량의 반이 지방이 되도록 하는 데 성공했다. 세포를 열기만 하면, 지방을 꺼내 간단한 조작 몇 단계만 거치면 바이오연료를 만들어낼 수 있다. 콩 같은 일부 식물도 지방을 저장하므로 바이오연료의 원료로 쓸 수 있지만, 버마스의 동료인 애리조나주립대학교의 브루스 리트만(Bruce Rittman)은 광합성 미생물이 콩에 비해 같은 면적에서 250배나 많은 연료를 생산한다고 설명한다.

조류에서 바이오연료를 얻어내는 방법 자체는 새로운 것이 아니지만, 문제도 많다. 에너지부는 1978년부터 조류에서 바이오디젤을 만들어내려 시도했지만, 정부가 경제성이 없다고 판단하자 18년 뒤에 개발을 멈췄다. 조류와 청록색 박테리아는 단순한 생물이 아니다. 이들이 연못에서 자라기는 하지만, 다른 종류의 미생물이 함께 번식하면서 성장하는 데 지장이 생기기 쉽다. 벤터는 조류를 광바이오반응기(photobioreactor)라는, 투명한 옥외 배양 용기에서 기르는 방법을 제안하는데, 제조 및 유지 비용이 비싼 것이 흠이다. 또한 햇빛이 너무 많거나 적어도 성장이 느려지기 때문에 적절한 양의 햇빛을 쬘 수 있도록 만들어야 한다. 게다가 미생물을 거둬서 지방을 추출하려면 친환경적이지 못한 용제를 써야 하는 데다, 거둔 미생물을 대신해서 새로 미생물을 번식시켜야 한다.

벤터는 자신이 최근에 세운 회사인 캘리포니아 주 라호야에 있는 신세틱 지노믹스(Synthetic Genomics)가 이런 문제들을 잘 해결하고 있다고 말한다. 미생물이 지방을 내부에 축적하지 않고 방출하도록 함으로써 미생물을 몇 번씩 재사용할 수 있게 하는 것이다. 또 의도치 않게 이 미생물이 배양 시설 밖으로 흘러나와도 증식하지 않도록 만드는 방법도 찾아냈다. 스스로 만들어낼 수 없는, 외부에서 공급되는 특수한 화학물질이 있어야만 생존할 수 있게 만든 것이다. 신세틱 지노믹스 사는 머지않아 상용화가 가능한 수준의 시험을 진행할 예정이다. "아주 근본적인 진전을 이뤘다고 자부합니다." 벤터가 힘주어 말했다.

위험하지만 해볼 만한 투자

다른 회사들도 순조롭게 개발을 진행 중이다. 샌디에이고의 바이오테크 회사인 사파이어에너지(Sapphire Energy)는 조류에서 만들어낸 휘발유를 2011년부터 판매할 수 있을 것이라고 주장했다. 콜로라도 주 포트콜린스에 있는 신생 회사 솔릭스바이오퓨얼(Solix Biofule)은 2009년 여름에 시험 생산 설비를 가동할 계획이다. 솔릭스 사의 최고 운영 책임자인 리치 슈노버(Rich Schoonover)는 말한다. "과거에도 많은 사람들이 인류가 하늘을 나는 건 불가능하고, 달에 가는 것도 불가능하고, 전구에 불이 들어오는 것이 가능할 리 없다고 했었죠. 앞으로 나아가려면 수많은 규율과 엄청난 성실함이 있어야 합니다."

그렇다면 인류의 앞날을 구해줄 미생물은 과연 무엇일까? 샌프란시스코 지역의 벤처캐피털 회사로 두 방식의 벤처기업 모두에 투자하고 있는 코슬라 벤처스(Khosla Ventures)의 공동소유자인 사미르 키울(Samir Kaul)은 원유 가격이 40달러일 때에도 경쟁력 있는 기술을 개발하는 쪽이 살아남을 것이라고 예상한다. 벤터도 이 의견에 동의했다. "그게 가장 큰 도전이 될 겁니다. 친환경적이면서 경제성을 갖춘 대규모 설비를 만들어내는 것 말입니다." 이 사업은 과학자들도 선뜻 한쪽에만 발을 담그지 못할 정도로 실패 위험이 높다. 벤터가 진행 중인 일부 섬유소 바이오연료 프로젝트는 키슬링이 개발하는 것과 매우 비슷하다. 리트만은 청록색 박테리아에 집중하고 있긴 하지만, 그 또한 다른 미생물도 개발 중이다.

누구라도 대규모로 바이오연료를 생산하는 데 성공한다면 역사에 남을 정도로 큰돈을 벌 수 있을 것이다. "이 경쟁에서 이기는 기업과 국가는 오늘날 석유 부국만큼이나 다음 시대의 경제적 승자가 될 겁니다." 벤터는 이에 덧붙여 특유의 당당한 어법으로, 1차 산업혁명이 만들어낸 환경적 결과를 되돌릴 필요성 때문에 촉발된 2차 산업혁명은 그런 기업과 국가들에 의해 이루어지게 될 것이라고 장담했다.

7-2 미래의 교통수단은 어떤 연료를 쓸까

존 헤이우드

솔직히 잘사는 나라 사람들은 자신들이 지금의 교통 시스템을 좋아한다는 사실을 인정해야 한다. 언제든 원하는 곳으로 코앞까지 갈 수 있고, 짐도 편하게 실을 수 있다. 눈에 잘 띄지는 않지만 물류 시스템 덕에 생활에 필요한 물건들을 어디서나 구할 수 있다. 이렇게 편한데 왜 지금의 교통 시스템을 움직이는 에너지가 환경에 미치는 영향을 골치 아프게 걱정해야 하는 것일까?

그건 현재 교통 시스템의 규모와 거침없는 성장 속도 때문이다. 지금의 교통 시스템은 상상하기 어려울 정도로 많은 휘발유와 경유를 소비한다. 여기에 들어 있는 탄소는 연소 과정에서 산소와 결합해 이산화탄소가 되어 온실 효과를 일으키는데, 대기 중으로 방출되는 양이 어마어마하다. 전 세계 온실가스 배출량의 25퍼센트가 교통 시스템에서 나온다. 개발도상국에서 자동차 보급이 급속히 확대됨에 따라 석유 수요가 늘어나는 것도 전 세계적으로 온실가스 증가를 통제하기 어렵게 만드는 큰 이유다. 현재 미국에서 소형 자동차(승용차, 픽업 트럭, SUV, 밴, 소형 트럭)가 소비하는 휘발유는 연간 1,500억 갤런(5,500억 리터)으로, 이는 1인당 1.3갤런에 해당한다. 만약 다른 나라의 휘발유 소비가 미국과 같은 수준이라면 전 세계의 휘발유 소비는 지금의 10배까지도 늘어날 것이다.

이런 현재의 교통 시스템을 미래에도 적절한 비용으로 유지할 수 있는 방법으로는 어떤 것들이 있을까?

가능한 대안

어떤 방법을 선택하느냐에 따라 근본적 차이가 생길 수 있다. 차량 기술을 개선하거나 새로운 기술 적용, 차량 사용법의 변경, 차량의 소형화, 지금과는 다른 연료의 사용 등이 있다. 아마도 에너지 소비와 온실가스 배출량을 줄이려면 이 모든 방법을 적용해야만 할 것이다.

어떤 방법을 선택하건, 기존 교통 시스템의 여러 측면을 고려해야 한다. 무엇보다도 기존 시스템은 이 문제에서 주요 고려 대상인 개발도상국에 적합하다. 또한 수십 년간에 걸쳐서 발전해온 시스템이기 때문에 비용과 목적, 사용 편의성 면에서 균형이 잡혀 있다. 다음으로 이처럼 광범위하게 최적화된 현재의 교통 시스템은 석유라는, 매우 편리한 한 가지 연료에 의존한다. 또한 차량에서는 내연기관, 항공기에서는 제트 엔진(가스 터빈)이라는 형태로 이 에너지 밀도가 높은 액체 연료를 효과적으로 사용할 수 있는 방향으로 기술이 진보해 왔다. 마지막으로, 현재의 교통수단은 이미 자리 잡은 지 오래되었다. 국가적으로나 전 세계적으로나, 기존의 교통 시스템용 에너지 소비를 제한하고 감축하려면 수십 년이 걸릴 것이다.

또한 차량의 에너지 효율 등급이 오해를 불러일으킬 수도 있다는 점을 인정해야 한다. 중요한 것은 실제 주행에 소비되는 에너지다. 오늘날의 자동차 엔진은 과거보다 도심에서는 20퍼센트, 최적의 상태일 때는 35퍼센트 더 효율적이다. 하지만 엔진과 변속기의 온도가 충분히 오르지 않은 상태에서 단거리 주행을 자주 하거나, 추운 날씨에 과격하게 운전하면 연료 소비가 증가한다. 공회전을 오래하는 것과 변속기에서 발생하는 손실도 마찬가지다. 이런 실제 운행 상황의 여러 요소들 때문에 연료통에 들어 있는 연료의 화학 에너지의 10퍼센트가량만이 바퀴를 구동하는 데 쓰인다. 경량 고효율 자동차를 강력히 지지하는 애모리 로빈스(Amory Lovins)의 표현을 빌리자면, 운전자와 승객 한 명, 차량 중량의 10퍼센트 정도인 300파운드가량의 짐을 실은 자동차의 효율이 10퍼센트일 경우 "연료가 가진 에너지의 1퍼센트만이 승객과 짐을 옮기는 데 쓰이는 셈"이다.

연료를 생산하고 운송하는 과정과 차량의 수명인 24만 킬로미터 정도 운행하는 데, 차량을 제조·유지·폐차하는 데 드는 에너지도 고려해야 한다. 이 세 과정은 종종 유전에서 연료통까지(전체 과정에서 소비되는 에너지와 온실가스의 15퍼센트 배출), 연료통에서 바퀴까지(75퍼센트), 요람에서 무덤까지(10퍼센트)라는 말로 표현된다. 연료와 차량 생산에 필요한 에너지도 상당하다는 점이 특히 놀랍다. 석유를 대체하는 새로운 연료와 차량 기술을 고려하려면 이처럼 차량과 관련된 전체 기간을 살펴보는 것이 특히 중요하다. 연료 소비와 가스 배출은 이러한 과정 전체를 통해서 일어나기 때문이다.

현재의 소형 자동차 기술도 개선의 여지가 많다. 엔진과 변속기의 효율을 개선하는 데 자금을 더 투입하고, 차량을 경량화하고, 타이어를 개선하고, 공기 저항을 감소시키면, 매년 평균 1~2퍼센트 연료 소비를 줄여서 향후 20년간 전체 연료 소비의 3분의 1가량을 절감할 수 있다(그러려면 차량 한 대당 500~1,000달러 정도 가격이 상승하지만, 앞으로의 석유 가격을 고려할 때 차량 보유 기간의 총비용은 증가하지 않는다). 이런 식의 개선은 지난 25년 동안 꾸준히 이루어져 왔지만, 소비자들은 더 크고, 더 무겁고, 더 빠른 자동차를 구입하는 것으로 사실상 기술 개선 효과를 상쇄시켜 버렸다. 대형 고출력 자동차 소비 증가 현상은 특히 미국에서 두드러지지만 다른 나라들도 별다르지 않다. 실질적으로 연료 소비와 배출 가스를 줄이려면 소비자들이 연료 소비가 적고 온실가스 배출이 적은 차량을 구입할 만한 동기를 갖도록 해주어야 한다.

단기적으로는 차량의 무게와 크기가 줄어들고, 소비자와 자동차 제조사가 고출력/고성능 차량에 대한 선호를 줄일 수 있다면, 선진국에서의 석유 수요 증가가 둔화해서 15~20년 뒤 현재보다 20퍼센트 정도 늘어난 수준에서 정점을 찍고 이후로는 서서히 줄어들기 시작할 것이다. 하지만 이 정도로는 부족하다. 현재도 매년 2퍼센트씩 증가하고 있는 석유 수요와는 매우 동떨어진 것일 뿐 아니라 실제로 달성하기도 어려운 목표다.

장기적으로 보자면 새로운 방법이 필요하다. 최소한 석유 일부라도 대체할 수 있는 연료를 개발해야 한다. 수소나 전기를 동력으로 이용할 필요도 있다. 더 작고 가벼운 자동차를 만들고 소비하기에 적합한 환경도 조성해야 한다.

대체 연료를 개발하는 방식은 새 연료가 기존 공급 체계에 맞지 않다면 별 의미가 없다. 석유는 액체이면서 에너지 밀도가 높다. 새 연료의 에너지 밀도가 낮다면 더 큰 연료 탱크가 필요하고, 현재 보통 400마일 정도인 차량의 주행거리도 짧아진다. 이런 관점에서 보면 유전이 아닌 곳에서 얻어지는 석유(오일샌드, 타르샌드, 셰일오일, 석탄, 중유)가 대안이 된다.

그러나 이런 데서 석유를 추출하려면 전기나 천연가스 같은 또 다른 에너지가 있어야만 한다. 이 과정에서도 상당한 양의 온실가스가 배출되어 환경에 영향을 미친다. 이런 사업은 자본도 많이 필요하다. 그러나 환경에 미치는 광범위한 영향에도 불구하고, 기존 형태의 유전이 아닌 곳에서 이미 석유가 생산되고 있다. 이러한 방식으로 생산되는 석유가 향후 20년 이내에 전체 석유 공급량의 10퍼센트 정도를 차지할 것이다.

에탄올이나 바이오디젤처럼 바이오매스에서 얻는 연료는 동일한 에너지에서 발생하는 이산화탄소의 양이 더 적은 것으로 보이며, 이미 생산 중이다. 브라질에서는 사탕수수를 원료로 해서 만든 에탄올이 차량용 연료의 40퍼센트를 점하고 있다. 미국에서는 옥수수 수확량의 20퍼센트 정도가 에탄올 생산에 쓰인다. 대부분은 휘발유에 10퍼센트 정도의 비율로 섞어 성분 변경(혹은 청정 연소) 휘발유라는 이름으로 판매한다. 최근 미국은 국가 에너지 정책법을 만들어 현재 2퍼센트 수준인 차량용 연료에서의 에탄올 비율을 2012년까지 두 배로 늘릴 계획이다.

그러나 현재 옥수수를 원료로 하는 에탄올 생산에 투입되는 비료, 농업용수, 천연가스, 전력은 상당히 줄일 필요가 있다. 에탄올을 생산하는 데 섬유질 바이오매스(식량으로 사용되지 않는 식물의 줄기 같은 부분)를 원료로 사용하면 더 효율적이고 온실가스 배출도 줄어들 것으로 보인다. 그러나 가능성은 높지만 아직 경제성 있는 방식이 개발되진 못했다. 바이오디젤은 다양한 작물(유채씨, 해바라기, 콩기름)과 동물성 지방 폐기물에서 얻을 수 있으며, 현재는 소량이 생산되어 경유에 섞여 쓰이고 있다.

바이오매스로 생산한 연료의 소비는 점차 늘어날 전망이다. 그러나 바이오매스 작물을 대규모로 연료로 변환하는 과정이 환경에 미치는 영향(토양의 성분 변화, 수자원, 전체 온실가스 배출량 등)을 정확하게 파악하기 어렵다는 점을 고려하면, 이런 방식으로 만들어진 연료가 도움은 되겠지만 머지않은 미래에 주 연료가 되리라고 보기는 어렵다.

천연가스가 세계적으로 교통수단의 연료로 이용되는 비율은 1퍼센트 이하부터 세금 혜택이 있는 국가에서의 10~15퍼센트에 이르기까지 다양하다. 1990년대 미국에서는 배기 가스를 줄이기 위해 천연가스를 연료로 사용하는 시내버스를 도입했다. 현재는 배기 가스 처리 장치가 달린 디젤 엔진도 저렴한 방법인 것으로 나타나고 있다.

새로운 동력 기술을 개발하는 건 어떨까? 휘발유 엔진을 크게 개선하고(연료 직접 분사 기술과 터보차저를 결합하는 것처럼), 변속기의 효율을 개선하며, 배기관에 분진 수집 장치를 달고 촉매를 사용하는 저공해 디젤 엔진, 새로운 연료 연소 방식 등에서 진전이 있을 것으로 보인다. 소형 휘발유 엔진과 배터리로 동작하는 전기 모터를 결합한 하이브리드 자동차는 이미 판매 중이며 생산량도 늘고 있다. 이런 차량들은 시내 주행에서 연료를 훨씬 덜 소비하지만 고속도로에서는 별 이득이 없고, 차량 가격이 수천 달러 더 비싸다.

7-2

현재 모든 과정을 통해서 배출되는 총 이산화탄소의 양이 더 적은, 아주 새로운 구동 시스템을 개발 중이다. 배터리와 전기 모터를 이용하는 수소 연료 전지 자동차도 여러 곳에서 개발되고 있다. 이런 차량은 효율이 두 배 정도 높아지지만 사실 수소를 생산하고 공급하는 과정에 투입된 에너지와 배출 가스 때문에 효과는 반감된다. 탄소 배출량을 낮춰 수소를 생산하는 방법과 공급 시스템이 개발된다면 온실가스 배출을 줄이는 아주 효과적인 방법이 될 수 있다. 하지만 그러려면 엄청난 기술적 혁신이 필요하다. 또 수소 연료 자동차가 현실적으로 대량 보급되려면 수십 년은 지나야 할 것으로 보인다.

사실 수소는 에너지원이라기보다는 에너지 전달 물질이다. 전기는 탄소를 배출하지 않으면서 에너지를 전달할 수 있는 대체 에너지이므로 전기를 차량에 이용하려는 시도가 여러 곳에서 이루어지고 있다. 가장 큰 어려움은 현실적인 주행거리를 확보할 수 있을 만큼 충분한 에너지를 저장하면서 가격이 적당한 배터리를 만들어내는 일이다. 또한 충전하는 데 시간이 오래 걸리는 것도 문제다. 자동차 연료통을 가득 채우는 데 4분이면 충분한 상황에 익숙한 사람들이 몇 시간씩 충전하는 일을 반길 리 없다. 전기 자동차의 짧은 주행거리 문제를 해결하는 한 가지 방법은 직접 충전 이외에 소형 엔진을 장착해서 배터리를 충전할 수 있게 만든 플러그인 하이브리드 방식이다. 이렇게 하면 자동차가 사용하는 에너지의 대부분은 전기이고 일부만 석유를 쓰는 셈이다. 그러나 이런 방식의 자동차가 시장에서 자리 잡을 수 있을지는 불확실하다.

새로운 동력원이 자리 잡기 전까지는 경량 소재를 사용하고, 지금과 다른 차량 구조를 채용하면 차의 크기를 줄이지 않고서도 연료 소비를 줄일 수 있을 것이다. 경량 소재와 작은 크기의 차체를 결합하면 분명히 엄청난 효과가 있다. 어쩌면 미래에 자동차가 사용되는 방식은 현재 우리가 일반 자동차에 기대하는 것과는 전혀 다를지도 모른다. 미래에는 오로지 시내 주행용으로만 만들어진 자동차가 더 적합할 수도 있다. 폭스바겐은 무게 290킬로그램에 100킬로미터 주행하는 데 단지 휘발유 1리터만을 사용하는(현재 미국의 평균 연비는 100킬로미터당 10리터 정도다) 작은 2인용 콘셉트 카를 선보였다. 일부에서는 자동차가 너무 작아지면 안전에 취약하다고 우려하지만, 이는 충분히 극복할 수 있는 문제다.

변화

기술이 발전하면 당연히 연료 효율이 좋아진다. 선진국에서는 그 덕에 차량 보급이 늘어났음에도 연료 소비는 그만큼 늘지 않았다. 휘발유 가격은 향후 10년 및 그 이후에 지금보다 오를 것이 분명하므로, 소비자들이 차량을 구입하고 사용하는 방식에 영향을 미치게 된다. 그러나 시장 여건만으로는 차량 수요 증가와 이에 따른 석유 수요가 조절되기 어렵다.

규제와 재정 정책을 적절하게 사용해야만 미래의 기술적 진보에 따른 연료 소비 감소가 현실화될 것이다. 연비가 나쁜 자동차를 구입하는 소비자에게 추가로 세금을 부과하고, 연비가 좋은 소형 자동차를 구매하는 소비자에게는 현금을 지원하는 '피베이트(feebate)' 제도도 효과적일 것이다. 이 제도는 자동차 제조사들로 하여금 연비가 좋은 차량을 생산하도록 유도하는 CAFE* 기준과 함께 활용하기에 아주 적합하다. 또한 연료에 높은 세금을 부과하면 연비가 좋은 차량의 구매를 촉진하게 된다. 세금 감면 등의 방법을 활용하면 신기술을 시장에 도입하기도 쉬워진다. 이런 모든 방법을 동원해야만 미래를 향해 나아갈 수 있다.

*Corporate Average Fuel Economy, 자동차 제조사별 평균 연비.

자동차 석유 소비 예상 시나리오 네 가지

(1) 변화 없음 : 자동차 1대당 연료 소모량이 2008년 수준으로 유지

(2) 기술혁신 : 자동차 관련 각종 기술 개선

(3) 기술혁신 + 하이브리드 + 디젤 : 가솔린-전기 하이브리드 자동차와 디젤 자동차 확대

(4) 복합이론 : 자동차 판매 둔화 및 주행 거리 축소

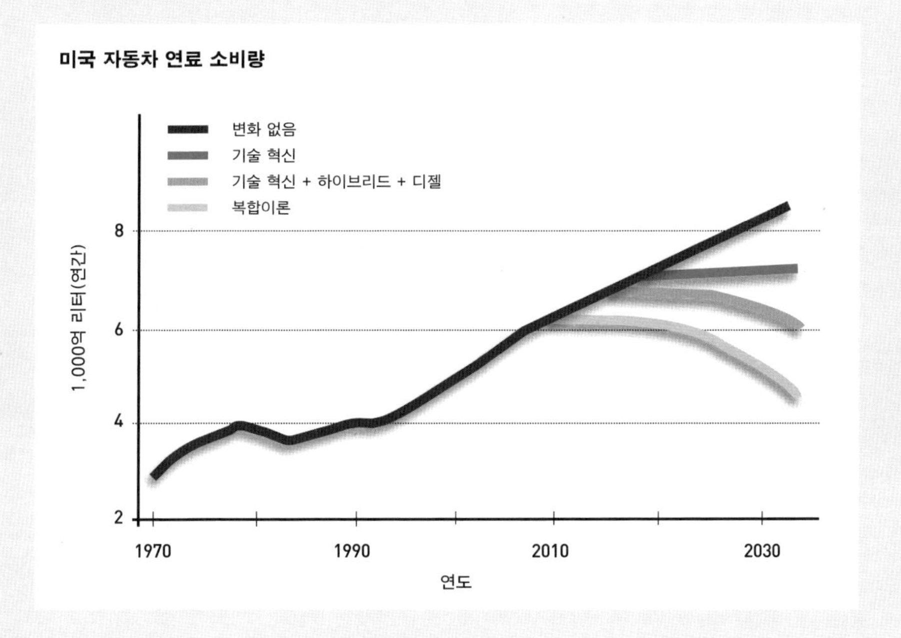

8

주문형 에너지

8-1 전력 전송 기간망

매튜 월드

노스다코타 주에서는 1년 내내 바람이 심하게 분다. 애리조나 주에서는 언제나 강렬한 햇빛이 내리쬔다. 이처럼 미국에는 전기를 생산할 수 있는 방대한 재생 가능 에너지원이 있다. 문제는 그런 곳에는 실제로 전기를 소비하는 도시까지 많은 양의 전기를 보낼 대규모 송전망이 없다는 것이다.

바람이 많이 부는 고원 지대나, 모든 것이 햇볕에 타버릴 것 같은 모하비 사막에서도 상황은 마찬가지다. 재생 가능 에너지원과 전기 수요가 같은 곳에 없고, 둘 사이를 잇는 송전선도 없는 경우가 태반이다. 이런 상황은 수천 개의 송전탑으로 수백 마일 길이의 송전선이 어디에나 깔려 있는 뉴잉글랜드 주에서조차도 별다르지 않다. 여섯 주의 전력 전송망을 책임지고 있는 ISO 뉴잉글랜드(ISO New England)의 사장 고든 반 위엘(Gordon Van Wiele)이 그 지역의 지도를 펼치자, 풍력 발전에 적합한 곳이 타원형으로 표시되어 있다. 버몬트 주에서는 캐나다 퀘벡 주와의 국경에 가까운 쪽과 메인 주 동쪽에서 캐나다 뉴브런즈윅 주에 이르는 지역이었다. 당연히 이런 곳들에는 대규모 송전선이 없다.

미국에는 온실가스와 석탄 화력 발전소에서 방출되어 스모그의 원인이 되는 오염 물질을 줄이고, 천연가스를 전기 생산 이외의 용도에 사용할 수 있을 만한 풍부한 자원이 있고, 재생 가능 에너지를 대대적으로 도입할 기술과 자본도 있다. 부족한 것은 이를 현실화시켜 줄 대규모 고압 전력 전송망이다. 아직 초기 단계인 풍력 발전은 일부 지역에서 이루어지고 있지만 전력망 문제는 골칫거리다. "대부분의 재생 가능 에너지원은 적절한 전력망이 없는 곳에 분포한다"고 반 위엘은 이야기한다. 전력 회사들은 지난 수십 년간 석탄, 원자력, 천연가스, 석유 발전소를 수요지 부근에 건설했다.

이런 접근 방법은 얼마 전 28개 주의 주지사들이 전력 회사에 빠르면 2020년 전까지 최소한 20퍼센트의 전기를 재생 가능 에너지를 이용해서 생산할 것을 요구하는 '재생 가능 에너지 발전 기준'을 만들기 전까지는 별 문제가 없었다. 그러나 캘리포니아 주 팔로알토의 전기전력연구소 소장이었던 쿠르트 예거(Kurt E. Yeager)가 지적하듯, 그런 기준은 "화석 연료를 이용하는 대규모 예비 발전소 건설 없이 간헐적으로 생기는 에너지로 전기를 만들 수 있는 전력 시스템과 전력망을 갖추기 전까지는 그저 종이 쪼가리에 불과할 뿐"이다.

콜로라도 주 전력 생산의 대부분을 담당하는 엑셀 에너지(Xcel Energy)는 현재 바람이 불지 않으면 곧바로 대체 전력을 공급하기 위해서 1메가와트 용량의 풍력 발전 설비마다 1메가와트 용량의 천연가스 발전 시설을 건설하고 있다. 물론 이렇게 해도 탄소 발생량이 줄기는 하겠지만 이래서야 탄소 문제의 해결책이라고 하기는 어렵다. 미국은 수많은 풍력 발전소와 태양열 발전소, 지열 발전소, 수력 발전소들을 연결하는, 전 국토를 종횡으로 교차하는 새로운 기간 전력망을 건설할 필요가 있다.

전력 회사 한 곳은 이미 미국 전역을 포함하는 기본 계획을 공개했고, 많은

8-1

전문가들이 새로운 기간 전력망을 구상 중이다. 하지만 어떤 계획이 채택되건, 기술적으로 독립적이고 정치적으로도 분리된 전력망을 통합하려면 엄청난 비용과 정치적 타협과 절충이 필요하다는 것은 분명하다.

병목 현상 해소

기후 변화 문제가 대두되기 전부터 전력망을 손봐야 할 필요성은 이미 높았다. 특히 전력의 흐름을 막는 병목 현상이 가장 큰 문제였다.

사실 북미에는 네 개의 전력망이 있다(그중 셋이 미국에 있다). 가장 큰 동부 전력망(Eastern Interconnection)은 할리팩스에서 뉴올리언스에 이르는 고압 송전선들이 복잡하게 얽혀 있으며, 변전소에서 전압을 낮춘 뒤 이보다 가는 전선을 통해 각 지역에 공급한다. 로키 산맥 서쪽에 있는 서부 전력망(Western Interconnection)은 캐나다 브리티시컬럼비아 주에서 샌디에이고에 이르고 멕시코 일부까지도 포함한다. 텍사스 주는 별도의 공화국으로 시작했던 역사를 전력망에서도 엿볼 수 있는데, 텍사스전기신뢰성위원회(Electric Reliability Council of Texas)라는 이름의 독자적인 전력망을 갖고 있다. 캐나다 퀘벡 주도 분리 독립 움직임에서 예상할 수 있듯이 독자 전력망을 보유하고 있다. 총 길이가 20만 마일에 달하는 이 네 전력망의 고압 전송 시스템은 소유주도 500곳에 이르며, 6,000곳 이상의 민영·공영·조합이 운영하는 1만 개가 넘는 발전소에서 생산된 전기를 운반한다.

네 전력망은 짧은 고압선으로 연결되는데, 이를 통해 충분한 전력을 주고

받기엔 용량이 부족하다. 더욱이 발전 시간이 일정하지 않고 예측하기도 어려운 수천 곳의 재생 가능 에너지 발전소를 감당하긴 어렵다. 각 전력망 안에서의 사정도 비슷해서 계속 늘어나는 전기 수요를 감당하지 못하고 있다. 그 결과, 전체 전력망이 정전 사태를 일으킬 가능성이 점점 높아지고 있다.

미국과 캐나다 일부의 전력 시스템 운영 기준을 정하는 북미전기신뢰성공사(North American Electric Reliability Corporation)의 회장 릭 서겔(Rick Sergel)은 "전송 시스템이 최대 용량에 가깝게 사용되는 경우가 과거 어느 때보다 잦아지고 있다"고 이야기한다. 전기업계의 구조조정 때문에도 전기 구매자와 생산자의 거리가 멀어진 경우가 늘어났지만 이들 사이를 연결하는 송전선에는 거의 변화가 없다.

대형 전력 회사 내부에서도 전력 전송 비용이 좀처럼 제대로 계산되지 않는다. 미국 중부 지역의 상당 부분을 담당하는 아메리칸일렉트릭파워(American Electric Power, AEP)를 예로 들어보자. 1980년대 내내, 이 회사의 핵심 시스템 부근의 고압 송전선은 마치 막힌 동맥 같았다. 두 곳 사이의 병목은 들어본 사람이 거의 없는 곳인 버지니아 주 캐너와와 웨스트버지니아 주의 매트펑크 사이에 위치하고 있었다. 이 송전선이 가끔씩 문제를 일으켜 일리노이, 인디애나, 켄터키, 오하이오 주의 석탄 화력 발전소에서 생산되는 값싼 전기를 동부의 전력 수요지에 보낼 수 없게 되는 바람에, 동부에는 더 비싼 천연가스나 석유 화력 발전소에서 만들어진 전기를 공급해야 했다.

이 송전선은 13층 높이의 약 61미터 폭의 송전탑을 따라 765킬로볼트의 최대 규격 전압을 전송하도록 만들어져 업계 최대 규모를 자랑했다. 하지만 전력망의 설계 때문에 이곳을 통해서 전송되는 전기의 양은 보통 용량의 반에도 미치지 못했다. 전력 시스템은 한 곳에서 일어난 문제가 연쇄적으로 다른 곳에도 문제를 일으켜 정전 사태를 일으키지 않고 항상 동작해야 한다. 만약 캐너와~매트펑크 사이의 송전선이 최대 용량을 전송하다가 문제를 일으킨다면 주변에 있는 345킬로볼트의 소규모 송전선에 전력이 넘쳐 흐를 가능성이 있다. 그렇게 되면 그 송전선은 제대로 동작하지 못하게 되고, 그 여파는 이웃한 다른 송전선으로 계속 이어진다.

이런 폐색 현상은 1980년대부터 매년 몇 시간씩 일어났다. 그 때문에 지역 간의 전력 전송이 불가능해져서 소비자들은 비싼 전기를 써야만 했다. 새 발전소를 건설해야 했지만, 경제적으로 보면 발전 비용이 높아 폐쇄되었어야 할 발전소가 유지되었다. 1990년 폐색 현상이 일어나는 시간이 수백 시간에 달하자, AEP가 대책을 마련했다. 동일한 765킬로볼트 규격의 송전선을 나란히 추가로 건설하는 것이었다.

이 프로젝트는 이론적으로는 단순했다. 회사는 이미 수십 년에 걸쳐 2,000마일이 넘는 송전선을 관리한 경험이 있다. 건설 기간도 30개월이면 되었다. 3억 600만 달러가 투입된 새 송전선은 2006년 6월부터 운용되기 시작했다. 하지만 14년에 걸쳐 송전선이 지나는 수많은 관할 지역 행정기관에서, 특히 두 주와 미국 산림청의 허가를 받느라 송전선의 일부 위치가 계획과 달라져 버렸다.

더 어이없는 것은 이 경우엔 송전선 건설자와 그 송전선을 통해서 전기를 보내려는 주체가 동일했다는 점이다. 보통은 그렇지 않기 때문에(발전 회사가 다른 회사에 송전선을 추가로 건설하라고 요청한다) 상황이 점점 더 꼬여만 갔다. 지난 20년간 송전 용량 증설은 아주 미미했다. 에너지부 자료에 따르면 기존의 고압 송전 시스템의 75퍼센트가 지어진 지 25년 넘었다고 한다.

원대한 계획

전기 시스템은 수돗물 공급에서부터 제철소, 교통신호, 인터넷에 이르기까지 모든 현대 문명의 기반이 되는 요소다. 일반적으로 전기는 국가가 공급하는 것으로 생각하는 경향이 있지만, 사실상 500여 소유주들이 장악하고 있는 봉건적 시스템이라 할 수 있다. 송전 관리에는 여러 행정 단위가 얽혀 있어서 전력망에 남아 있는 역사의 흔적을 찾아볼 수 있다. 초기의 소규모 전력망이 확장되면서 지역 단위로 통합되었고, 지금까지도 그 영향이 남아 있는 것이다.

캐너와~매트펑크 송전선의 경우처럼 내부적인 문제로 골치를 썩인 AEP사는 2008년 에너지부와 함께 전국의 전력망을 재구성하는 문제를 검토하기 시작했다. 그 결과 미국 전역에 고압 전송 기간망을 설치해야 한다는 결론(2030년까지 미국에서 생산되는 전기의 20퍼센트를 풍력에서 확보하겠다는 에너지부 계획의 일부)을 내렸다. 교통 시스템에서 각 주를 연결하는 고속도로와 마찬가지 역할을 할 2만 2,000마일에 이르는 전력 기간망은 탄소 배출 문제가 중요해진 시대에 에너지 문제를 다루는 또 하나의 접근법인 셈이다.

8-1

이 계획은 대부분 송전 전압이 345킬로볼트인 현재의 전력망을 확장하는 방식이 아니다. 대신 다양한 승압/강압 설비를 추가로 설치해서 미국 전역에 아주 높은 전압으로 전기가 오가게 만든다. 765킬로볼트의 전압을 이용하면 통상 3~8퍼센트에 이르는 송전 손실률이 1퍼센트 언저리로 낮아진다. 또한 전압이 높을수록 송전선이 덜 필요하므로 부지 면적도 줄어든다.

송전 손실을 더 줄이려면 일부 장거리 구간에서는 대부분의 구간에서 쓰이는 교류(사실상 모든 가정과 기업에서 사용함)가 아닌 직류를 써야 된다. 직류 전송이 훨씬 효율이 높긴 하지만, 교류를 직류로 변환했다가 다시 교류로 되돌리는 장비의 효율은 높지 않기 때문에 바람이 많이 부는 고원 지대나 남서부 사막 지대에서처럼 직류 전송 거리가 길어질수록 효율 차이가 많이 난다. 하지만 이런 효과도 직류 송전선이 인구가 희박한 지역을 지날 때만 실질적으로 의미가 있다. AEP사의 수석 부사장 미카엘 헤옉(Micahel Heyeck)은, 만약 직류 송전선이 와이오밍 주에서 시카고까지 연결되어 있다면 "분명 아이오와 주나 다른 주가 중간에 연결해서 이 송전선에서 전기를 끌어 쓰려 할 겁니다"라고 이야기한다. 그렇지 않다면 장거리 송전선은 마치 진출입로가 없는 장거리 고속도로나 다름없다.

고압 송전선의 신뢰성은 직류와 교류 모두 오랜 시간에 걸쳐서 입증된 바 있다. 그리고 국가적으로 기간 전송망을 효과적으로 관리할 필요가 있다는 점에 대해서도 충분한 공감대가 형성되어 있다. AEP사는 오하이오 주 컬럼버스 인근의 뉴올버니에 전국 기간망 관리의 시범 사례가 될 첨단전송제어센터를 열었다. 호수에 둘러싸인 이곳은 고속도로에서 멀리 떨어져 있으며 입구에는 아무런 표지도 없다. 안으로 들어가면 천장에서 바닥까지 채워진, 컴퓨터로 조종되는 거대한 화면에 AEP사의 모든 송전선 상태가 나타난다. 이 화면에는 개별 변전소의 변압기 상태와 수천 평방마일 넓이의 지역 내에 있는 회로 차단기 상태까지 표시될 정도로 자세한 정보가 나타난다. 벽을 가득 채운 이 모니터 화면에는 미국 모든 주가 표시된 지도의 상당 부분을 덮은 구름 모양의 그림이 전반적인 전압 상황을 알려준다. 흰색은 양호, 오렌지색은 불량, 붉은색은 심각한 상태를 뜻한다.

APE사가 이 센터를 세운 주된 이유는 모든 송전선의 상태를 실시간으로 감시해서 모든 데이터를 보다 효과적으로 활용하고, 상황을 정확히 파악해서 2003년 8월에 일어난 것 같은 대정전 사태를 방지하려는 데 있다. 당시 이웃한 전력 회사 퍼스트 에너지가 송전선의 어느 부분에 문제가 생겼는지를 파악하지 못하는 바람에 정전 사태가 계속 파급되었던 것이다. 불과 몇 초 만에 오하이오 주가 정전되었고, 이어 디트로이트, 북쪽으로는 캐나다 온타리오 주, 남쪽으로는 뉴욕 주까지 번져나갔다. 그러나 이런 정전 사태 예방을 떠나서 이 센터의 첨단 관제 능력은 전국적인 전력 기간망 운용을 가능하게 해줄 것이다.

정치적 결단의 필요성

전국적 에너지 망이라는 개념이 전혀 터무니없다고 보긴 어렵다. 사실 미국은 이미 방대한 에너지원을 멕시코 만에서 뉴욕 주와 뉴잉글랜드 주에 이르기까지 엄청나게 멀리 보내고 있다. 단지 이 에너지원이 전기가 아니라 천연가스일 뿐이다. 이런 체계가 만들어진 것은 1940년대에 의회가 천연가스를 통제하는 전국적 규정을 만들었기 때문이다. 반면 전기 관리는 아직까지도 각 주에 맡겨진 상태로 남아 있다. 심지어 마을 단위로 관리되는 경우조차 있다.

재생 가능 에너지 및 에너지 효율 담당 차관이었던 앤드루 카스너(Andrew Karsner)에 따르면, 결과적으로 미국은 '전자 유동성'이 아니라 '에너지 유동성'을 갖게 된 셈이다. 봉건적인 전력 전송 체계를 폐기하고 전국적 규정을 마련하려면 연방정부의 강력한 리더십이 있어야 한다. 카스너는 그 첫 단계로 전력 전송 개혁에 우선순위를 두어야 한다고 주장한다. 그는 선출직 공무원들이* 끝없이 말로만 떠들도록 내버려두면 안 된다고 이야기했다.

*주지사와 국회의원.

이미 정부 차원의 움직임이 시작되긴 했다. 2005년 에너지법은 에너지부에 각 주의 반대가 있더라도 '전력 전송의 국가적 이익'을 이유로 새로운 송전선을 승인할 수 있는 '보완 권한'을 부여했다. 하지만 일부 전력 회사 임원들은 에너지부가 이 권한의 사용을 지나치게 주저한다고 생각한다. 에너지부 관료들은 북동부와 남서부 두 곳에서 이 권한을 적용했을 때 맞닥뜨렸던 거센 반발 이후 조심스런 태도를 취하고 있다. 북동부에서의 사례를 보면, 펜실베이니아 주 민주당 상원 의원인 로버트 케이시(Robert P. Casey, Jr.)가 다른 13명의 상원 의원들을 규합해서 에너지부가 이 권한을 어떤 식으로 사용하는지에 대한 청문회를 열 것을 요구했다. 그는 이런 권한 사용이 "연방정부의 오만이며 정부에 대한 신뢰를 약화시키는 행동"이라고 주장했다. 쉽게 말하면, 설령 송전선 건설을 승인하는 권한이 연방정부에 있다 하더라도 정치적 합의는 존재하지 않는다는 뜻이다.

또 다른 문제는 말할 것도 없이 비용이다. 에너지부가 발표한 풍력 발전 보고서는 전국 기간망 건설에 600억 달러(2008년 금융위기로 연방정부가 엄청난 액수의 구제금융을 시작하기 전까지는 어마어마한 액수로 들렸을 것이다)가 들 것으로 본다. 오바마 행정부가 경기부양에 돈을 쓰는 것과 전력망 개선에 투자하는 것 중 어느 쪽이 더 현명한 선택인지는 알기 어렵다. 전력망에 예산을 투입한다고 엄청난 수의 일자리가 만들어지는 것도 아니고 경제적 효과는 매우 더디게 나타날 것이기 때문이다.

그러나 먼 곳에서 재생 가능 에너지를 이용해서 만든 값싼 전기 대신 지역에서 발전된 비싼 전기를 사용해야 하는 경우와 비교해본다면 전력망 건설에 들어가는 비용도 큰 문제가 아닐 수 있다. 코네티컷 주의 사례를 보면 노스이스트유틸리티스(Northeast Utilities) 사가 베설에서 노워크에 이르는 20마일의 송전선 건설에 3억 3,600만 달러가 들었는데, 완공 후 첫해에 절감된 비용만 해도 1억 5,000만 달러에 가까웠다. 이 송전선의 수명은 수십 년은 된다. 에너지부에 따르면, 전국의 전기 요금은 연간 2,470억 달러로 비용이 약간만 절감되어도 수백억 달러의 자금 조달이 가능한 것으로 나타났다.

거시적 관점에서 보면 각각의 주마다가 아니라 국가적 차원의 에너지 전략

이 필요하다. 비슷한 논의가 세계 각국에서 진행 중이다. 지구정책연구소 레스터 브라운(Lester Brown) 소장은 석탄 화력 발전으로 얻어지는 전 세계 전력의 40퍼센트를 대당 2메가와트의 용량을 가진 풍력 발전기 150만 대를 설치해서 풍력으로 대체해야 한다고 주장한다. 하지만 그런 그조차도 전력 전송 문제는 "갈 길이 멀다"고 인정한다.

미국이 전국적 전력 기간망을 건설할 능력이 있다는 사실은 의심할 여지가 없다. "미국의 각 주를 연결하는 고속도로는 주마다 따로 만들어진 고속도로를 연결한 게 아닙니다"라는 브라운의 지적은 옳다.

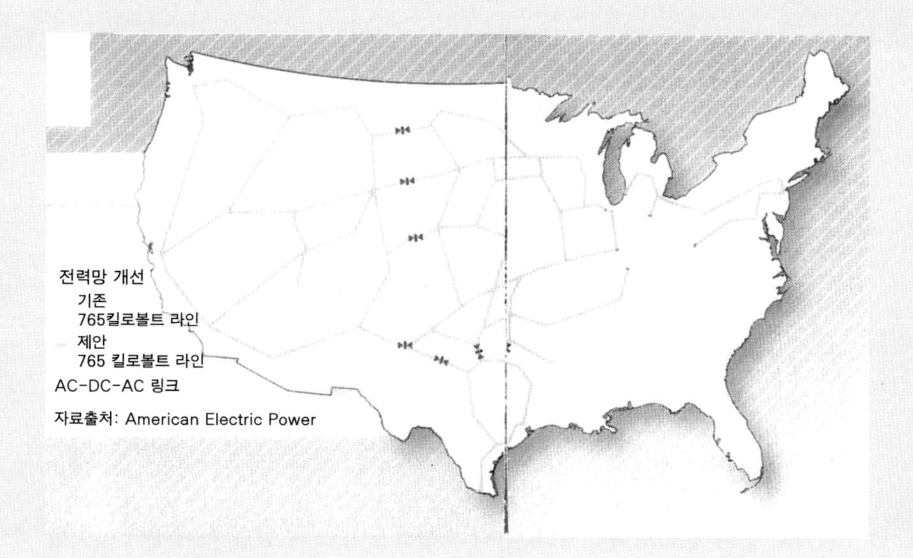
전력망 개선
기존
765킬로볼트 라인
제안
765 킬로볼트 라인
AC-DC-AC 링크
자료출처: American Electric Power

8-2 전력 저장 기술

데이비드 카스텔베치

재생 가능 에너지가 당면한 문제가 어떤 것인지를 알고 싶다면 덴마크를 보면 된다. 이 작은 나라에는 세계 최대 규모의 풍력 발전소가 있다. 그러나 전력 수요는 바람이 가장 많이 불 때 오히려 가장 적을 때가 많아서, 덴마크는 이때 생산되는 전기를 이웃 국가에 아주 싼값으로 팔고 정작 전기 수요가 많을 때는 비싼 값에 전기를 사와야 한다. 그 결과 덴마크의 전기 요금은 세계적으로도 가장 높은 수준이다.

텍사스 주와 캘리포니아 주의 전력 회사들도 수요와 공급 사이에서 비슷한 문제에 맞닥뜨렸다. 종종 고객들에게 풍력이나 태양열로 생산된 비싼 전기를 공급하고 있기 때문이다. 이론적으로는 풍력과 태양열만으로도 미국과 일부 국가에서는 전력 수요를 모두 감당할 수 있다. 그러나 에너지부에 따르면 실제로 두 방법 모두 전력 수요의 20퍼센트 이상을 감당하지 못한다. 이 수준을 넘어서면 수요와 공급 사이의 균형을 맞추기가 매우 어렵다. 바람이 잦아들었을 때와 해가 비치지 않을 때를 대비해서 나중에 이용할 수 있도록 전기를 저장할 수 있는 저렴하고 효율적인 방법이 필요하다.

초전도 자석이나 초대용량 축전기, 첨단 플라이휠 같은 기술이 있긴 하지만, 이런 목적에 쓰기에는 너무 값이 비싸고 오랜 시간 전기를 효율적으로 저장하지도 못한다. 그래서 《사이언티픽 아메리칸》지는 실용화 가능성이 있는 기술 다섯 가지를 선정해 보았다. 이 기술들은 모두 대도시 한 곳에서 필요한 양의 전기를 며칠 동안 저장할 수 있는 능력이 있다. 본지는 전문가들에게 '규모를 어느 정도까지 키울 수 있는가? 건설 비용은 감당할 수 있는 수준인가? 효율적인 운용이 가능한가?' 이 세 가지 관점에서 각 기술을 평가하도록 요청했다. 정도의 차이가 있긴 하지만 어떤 기술도 저장된 에너지를 완전히 회수할 수는 없다.

먼저 설명할 두 방법, 즉 양수(揚水)와 압축 공기는 상당히 성숙한 기술로 경제성이 이미 확보된 것들이다. 나머지 기술은 아직 실용화되지 못했지만 기술 혁신에 성공한다면 아주 효과적인 방법들이다. "10년 뒤면 전력망에 상당량의 에너지가 저장되어 있을 겁니다." 에너지부의 에너지 저장 프로젝트를 담당하는 물리학자 임레 국(Imre Gyuk)은 말한다.

양수 발전

장점 : 효율, 비용, 높은 신뢰성

단점 : 적절한 부지를 찾기 어려움

이미 몇몇 국가에서는 상당한 양의 전력(미국은 20기가와트)을 양수 방식으로 저장하고 있다. 1세기 전에 개발된 이 기술은 한마디로 수력 발전을 반대로 동작시키는 것이다. 남은 전력을 이용해서 낮은 곳에 있는 물을 높은 곳의 저수지로 퍼올린다. 이 물을 다시 아래로 내려보내면서 발전기를 돌려 전기를 생산한다. 왕복 효율(회수되는 에너지의 비율)은 높은 경우 80퍼센트에 이른다.

미국에 있는 양수 발전소 38곳의 저장 용량은 전체 발전 용량의 2퍼센트를 살짝 넘는다. 이는 유럽의 5퍼센트, 일본의 10퍼센트에 비하면 매우 낮다. 그러나 업계는 기존 발전소 근처에 저수지를 만들려는 계획을 갖고 있다. 오마하에 있는 HDR사의 수석 부사장 릭 밀러(Rick Miller)는 "고도 차이와 물만 확보되면 된다"고 설명한다. 그는 현재 계획 중인 프로젝트들이 진행되면 용량이 두 배로 늘어날 것이라고 알려줬다.

가장 야심찬 계획은 캘리포니아 주 남부의 이글 산 양수 발전 계획이다. 폐쇄된 노천 철광산에 저수지를 두 개 만들어 주변의 풍력 발전소와 태양열 발전소에서 만들어진 전기를 저장하는 이 양수 발전소의 용량은 1.3기가와트로, 어지간한 원자력 발전소 수준이다. 몬태나 주에서는 그래스랜즈재생가능에너지(Grasslands Renewable Energy) 사가 그레이트 플레인스의* 풍력 발전소에서 생산된 전기를 산 정상에 만든 인공 호수에 저장한 뒤 400미터의 낙차를 이용해서 발전하는 계획을 공개했다.

* 로키 산맥 동부의 캐나다에서 미국과 멕시코 국경에까지 이르는 대평원 지대.

양수 발전은 지형 조건이 충족되어야만 가능하다. 높은 곳에 조성된 대규모 호수에 홍수가 발생한다면 환경에 커다란 피해를 준다. 덴마크나 네덜란드 같은 곳은 지형이 평평해서 양수 발전이 불가능하다. 네덜란드의 에너지 기술 기업 케마(Kema)는 이런 곳에서도 이용할 수 있는 '에너지 섬'이라는 혁신적인 방식을 고안했다. 수심이 낮은 바다에 폐기물을 이용해서 원형의 담을 쌓아 인공 석호(潟湖)를 만들고, 남는 전기로 석호 내부의 물을 밖으로 빼낸다. 에너지가 필요할 땐 바닷물이 담에 설치된 구멍을 통해 흘러들어오면서 발전기를 돌린다. 바다가 마치 '높은 곳에 있는' 저수지 역할을 하는 셈이다.

캘리포니아 주 산타바바라에 있는 그래비티파워(Gravity Power) 사는 사실상 어디에서나 쓰일 수 있는 방법을 개발했다. 땅속 깊이 수직 회전축을 박아 넣고 맨 아래에는 대형 원통을 설치한다. 원통 아래로 물을 주입하면 원통이 위로 밀려 올라간다. 원통 바닥에 있는 문을 열면 원통 안으로 물이 밀려들어오며 원통이 아래로 내려가면서 발전기를 돌려 전기를 만들어내는 것이다.

압축 공기

장점 : 낮은 비용, 입증된 기술

단점 : 약간의 천연가스를 연소시켜야 함

앨라바마 주 시골 지하 깊숙이 있는 엠파이어스테이트 빌딩 절반만 한 크기의 동굴에는 전 세계 에너지 문제의 가장 빠른 해결책이 될 만한 무엇인가가 들어 있다. 바로 공기다. 동굴 위쪽 지상에서는 전기가 남아돌 때면 강력한 전기 펌프로 공기를 고압으로 동굴 속으로 불어넣는다. 전기가 필요해지면 압축 공기를 일부 뽑아내어 발전기를 돌린다. 파워사우스에너지(PowerSouth Engergy) 사가 앨러바마 주 매킨토시에서 운영하는 이 시설은 최대 26시간 동안 110메가와트라는 상당한 양의 전기를 생산할 수 있다. 미국에서 압축공기를 이용해 전기를 생산하는 유일한 곳이지만 가동된 지는 이미 20년이 넘었다. 독일 하노버에 있는 E.ON 크라프트베르케(E.ON Kraftwerke) 사도 니더작센 주의 훈토르프에서 비슷한 시설을 가동 중이다.

파워사우스는 미국의 전략 석유 비축용 동굴 건설 방식과 마찬가지로 지하 소금층을 물을 이용해서 서서히 녹이는 방법으로 동굴을 만들었다. 미국 남부에는 지하 소금층이 흔하고, 대부분의 주에 천연 동굴이나 폐쇄된 가스정 등과 같이 압축 공기를 저장할 수 있는 유사한 지질 구조가 존재한다. 압축 공기 발전소를 건설하려는 계획은 뉴욕 주와 캘리포니아 주를 비롯한 몇몇 주에서 이미 제시되었다. 그러나 최근 아이오와 주 디모인 부근에 건설하려던 4억 달러짜리 아이오와 에너지저장공원 계획이 연구 검토 결과 동굴 주위 사암층의 통기성이 높아서 공기를 저장하기에 부족하다는 것이 밝혀지면서 폐기되는 일이 있었다.

그런데 공기는 압축하면 온도가 올라가고 팽창하면 온도가 내려간다. 이는 압축할 때 저장된 에너지의 일부가 공기가 팽창하면서 열로 사라진다는 뜻이다. 그리고 공기를 그저 빼내기만 하면 온도가 많이 내려가면서 산업용 규격으로 만들어진 터빈을 포함해서 주변의 모든 것을 얼려 버린다. 파워사우스와 E.On 사는 팽창하며 빠져나오는 공기를 천연가스를 태워서 덥히는데, 이 때문에 에너지 효율이 전반적으로 더 낮아지고, 이산화탄소도 발생하게 되므로 풍력이나 태양열 발전의 장점을 희석시키는 결과가 되고 만다.

엔지니어들은 이로 인해 압축 공기 저장 방식의 효율이 낮아지는 문제의 해결 방안을 찾고 있다. 한 가지 방법은 동굴에 단열 처리를 해서 공기가 따뜻한 상태를 유지하도록 만드는 것이다. 또한 발생하는 열을 이용해서 다른 고체나 액체를 덥혔다가 이 열로 팽창하는 공기를 덥히는 방법도 있다. 뉴햄프셔 주 시브룩에 있는 신생 회사 SustainX는 공기를 압축할 때 물방울을 떨어뜨려 더워진 물을 저수조에 보관한다. 그리고 이 물을 팽창되는 공기에 뿌려 온도를 높인다. SustainX는 이 기술을 지상에 설치된 수조에서 보여줬다. 매사추세츠 주 뉴턴에 있는 제너럴컴프레션(General Compression) 사도 지하 물탱크용으로 유사한 기술을 개발 중이며, 텍사스 주에서 대규모 시범을 보일 예정이다. 회장인 데이비드 마르쿠스(David Marcus)는 이렇게 말한다. "우리 기술을 이용하면 가스를 태울 필요가 없습니다. 전혀요."

첨단 배터리

장점 : 에너지 효율, 신뢰성

단점 : 높은 가격

일부 전문가들은 배터리가 최적의 전기 저장 장치라고 이야기한다. 손쉽게 충전할 수 있고, 즉시 켜고 끌 수 있으며, 용량을 확장하기도 쉽다. 오래전부터 전력 회사들은 자동차용 배터리 같은 상용 배터리를 다량으로 연결해서 오지에서 전력망이 끊길 때 보조 전력을 공급했다. 일부 회사는 액상 나트륨-

유황 전지를 시험 사용하기도 했다. 전력 회사 AES는 웨스트버지니아 주 엘킨스에 98메가와트 용량의 풍력 발전기용으로 용량이 30메가와트가 넘는 리튬-이온 배터리를 설치했다. 하지만 배터리가 대용량 저장 장치와 경쟁하려면 지금보다 가격이 아주 많이 떨어져야 한다.

배터리 가격은 사용되는 소재(양극과 음극, 전해액)와 배터리 팩 제조 공정의 영향을 받는다. 기존의 구조와 소재를 점진적으로 개선하는 것보다는 혁신적인 설계가 제조 원가 하락에 더 효과적일 것으로 보인다.

매사추세츠공과대학교의 화학자 도널드 사도웨이(Donald R. Sadoway)는 액체-금속 배터리라는 새로운 방식을 개발 중이다. 이 방식의 장점은 구조의 단순함에서 나온다. 고온의 원통 안에 두 가지 용해된 금속이 용융염을 사이에 두고 위아래로 나뉘어 들어 있다. 액체 금속은 소금과 섞이지 않고(사도웨이는 "기름과 식초처럼"이라고 설명한다) 두 금속은 밀도가 다르므로 자연히 위아래로 층을 이룬다. 두 금속이 외부의 회로를 통해서 연결되면 전류가 흐른다. 각 금속의 이온이 용융염 속으로 용해되면 용융염 층이 두꺼워진다. 배터리를 충전하려면, 반대로 외부에서 전류가 흘러들어와서 녹아 있는 이온을 원래의 층으로 되돌려보내면 된다.

사도웨이가 지금까지 실험실에서 만들어낸 배터리는 피자 상자 정도 크기지만, 그는 충분히 대형화가 가능하고 양수 발전보다 1kWh당 100달러는 저렴해질 것으로 예상하고 있다. 대형화 과정에서 어떤 문제들이 불거질지는 아직 알 수 없지만, 그는 기존 배터리의 복잡하고 비용이 많이 드는 제조 공정과 달리 원통에 그저 세 가지 액체를 부어넣기만 하면 되는 자신의 방식을 이용하면 대형 배터리 생산이 어렵지 않을 것이라고 확신한다.

이보다 더 많이 연구되고 입증된 방식은 흐름 배터리다. 통 안에 다량의 에너지가 저장된 두 액체 전극이 고체 막으로 분리되어 있다. 흐름 배터리는 '케임브리지 크루드(Cambridge crude)'라고 불리는 나노 입자를 액체 속에 매달린 전극으로 이용하는 최근의 기술과 개념적으로 유사하다.

흐름 배터리는 몇 가지 장점이 있다. 우선 가열이 반드시 필요한 액체-금속 배터리와 달리 상온에서 동작한다. 또한 용량을 확대하려면 그저 전극을 크게 만들든가, 통을 여러 개 쓰면 된다. 지금은 인수된 신생 기업 VRB파워시스템(VRB Power Systems)은 회사를 매릴랜드 주 베데스다에 있는 프루던트에너지(Prudent Energy)에 매각하기 전에, 금속 바나듐을 이용한 두 개의 흐름 배터리를 한 개는 유타 주 모아브에, 또 다른 한 개는 호주의 작은 섬에 설치했었다. 막을 통과하는 이온의 흐름을 보다 자유롭게 해주는 방법을 찾아서 여러 회사들이 이 기술을 개량하려 애쓰고 있다. 코네티컷 주 하트포드에 있는 유나이티드테크놀로지커퍼레이션(United Technologies Corporation, UTC)의 화학 엔지니어 마이크 페리(Mike Perry)는 UTC가 이 분야에 수백만 달러를 투자하고 있으며, 5년 이내에 흐름 배터리가 전기 수요가 최고에 이를 때 사용되는 가스 화력 발전과 경쟁할 수 있기를 기대하고 있다고 말한다. UTC도 바나듐에 초점을 맞추고 있는데, 그 이유는 바나듐이 손쉽게 구할 수 있으며 석유 정제 과정에서 값싸게 얻을 수 있는 부산물이기 때문이다. 캐나다 토론토에 있는 에너자이저 리소스(Energizer Resource) 사가 대형 바나듐 광산을 마다가스카르에서 개발 중이기도 하므로 공급은 충분할 것이다.

열 저장

장점 : 어디에나 설치 가능

단점 : 가격, 장기간 에너지 저장 곤란

햇볕이 항상 내리쬐는 지역에서는 태양열 발전소가 경제적 선택일 뿐 아니라 태양 에너지를 저장하기에도 적합하다. 여러 줄로 세워놓은 포물경의 초점이 포물경과 나란히 달리는 관에 맞춰져 있으므로 관 내부의 광유가 가열된다. 이 광유가 건물 내부에 있는 열교환기에서 물을 덥혀 증기를 만들어내고 증기가 발전기를 돌리는 것이다. 해가 지면 액체는 탱크에 저장되어 완전히 식을 때까지 몇 시간 정도 더 물을 데운다.

미국과 유럽에는 태양열 발전소 몇 곳이 가동 중이다. 이탈리아의 아르키메데솔라에너지(Archimede Solar Energy) 사는 열을 보다 오랫동안 보존하기 위해 시실리 섬 시라큐스 인근에 광유 대신 용융염을 사용하는 시범 발전소를 건설했다. 아르키메데사의 사업개발 및 영업부장인 파올로 마르티니(Paolo Martini)는 용융염은 광유의 섭씨 400도보다 높은 섭씨 550도까지 온도가 올라가므로 해가 진 뒤에도 오랫동안 증기를 더 많이 만들어낼 수 있다고 설명한다. 1메가와트의 에너지를 저장하려면 광유 12입방미터가 필요한 데 비해 용융염은 5입방미터면 된다고 한다. 독일의 솔라밀레니엄(Solar Millenium) 사는 꽤 큰 규모의 Andasol 1 용융염 시스템을 스페인 안달루시아에서 2008년부터 운용 중이다. 이 시스템은 2011년 6월, 24시간 연속 태양열 발전에 성공했다.

현재 태양열 발전소에서 생산되는 전기의 가격은 천연가스 화력 발전소에서 생산되는 전기보다 2배 정도 비싸다. 그러나 업계는 발전소 설계를 – 액체의 화학 성분을 포함해서 – 개선하고, 규모의 경제를 통해서 태양열 발전이 10년 이내에 천연가스 화력 발전과 경쟁할 수 있을 것으로 내다보고 있다. 사하라 사막처럼 구름이 거의 끼지 않는 곳이 성공 가능성이 높다.

물론 열 저장 방식은 풍력이나 그 밖의 발전 방식에도 적용 가능하다. 열 저장이 꼭 뜨거운 것만을 의미하진 않는다. 콜로라도 주 윈저에 있는 아이스 에너지(Ice Energy) 사는 전기가 남아도는 밤에 얼음을 만들어내는 장치를 판매 중이다. 낮 동안에는 얼음이 녹으면서 HVAC* 시스템에 냉각수를 공급한다. 일부 대형 소매점이 이 장치를 매장에 설치하기 시작했으며, 그 덕에 가장 더운 낮 시간대의 전력 수요가 일부 감소하는 효과가 있다.

*Heating, Ventilation, Air Conditioning – 난방, 환기, 냉방.

8-2

가정용 수소

장점 : 높은 효율, 경량

단점 : 소재 부분의 기술 혁신 필요

실현 가능성이 높지 않은 이 방법은 전력 회사가 아니라 가정을 대상으로 한다. 거의 200년 이상 과학자들은 물을 전기분해해서 수소와 산소를 만들어 냈다. 수소를 연료 전지의 원료로 사용하면 전기를 만들 수 있다. 문제는 물을 분해하는 과정과 수소를 '연소'시키는 과정 모두 열 손실을 최소화하면서 효율적으로 하는 것이다.

식물이 광합성 과정에서의 가수분해에 태양을 이용하는 것처럼 햇빛을 직접 이용한다면 전기분해를 이용하는 벙법보다 수소를 훨씬 더 효율적으로 분리해낼 수 있다. 인공 가수분해 세포가 만들어진 지는 몇 년 되었지만, 효율이 낮고 가격이 높다. 매사추세츠공과대학교의 화학자 다니엘 노세라와 캘리포니아공과대학교의 나단 루이스는 성능이 더 뛰어난 새로운 소재(노세라는 코발트, 루이스는 나노 막대를 이용)를 개발했지만 여전히 가격은 높다.

전기를 이용하건 햇빛을 직접 이용하건 재변환할 때의 어려움도 큰 문제다. 연료 전지는 수소 연소 효율이 높지만 플래티늄 같은 값비싼 물질을 촉매로 사용한다. 승용차를 움직이거나 건물에 불을 밝힐 정도의 연료 전지 가격은 수만 달러에 달한다. 이에 과학자들은 대안이 될 만한 소재를 찾고 있다. 수소는 폭발성이 있고 액화 혹은 압축되어야 하기 때문에 저장하기도 어렵다.

이런 문제점들이 모두 해결된다면 가정에 설치 가능한 크기의 소형 수소 발전기를 만들 수 있다. 지역 발전 사업자가 풍력이나 태양열로 생산한 전기가 남아돌 때 가정에서는 이 전기를 값싸게 구입한 뒤 물을 전기분해해서 수소를 생산하고, 추후에 전기가 필요할 때 전기를 만들어서 쓰면 된다. 수소의 에너지 밀도는 휘발유보다도 높아서 언젠가는 자동차의 동력으로도 쓰일 수 있게 될 것이다. 그렇게 된다면 오래전부터 기대하던 수소 경제가 비로소 이루어질 것이다.

출처

1 Sustaining the Earth, Sustaining Ourselves

1-1 Mark Z. Jacobson and Mark A. Delucchi, "A Path to Sustainable Energy by 2030", *Scientific American* 302(5), 58-65 (November 2009).

1-2 The Editors, "7 Radical Energy Solutions", *Scientific American* 205(5), 38-45 (May 2011).

1-3 Michael E. Webber, "Catch-22: Water vs. Energy", *Scientific American* Earth 3.0 18, 34-41 (September 2008).

1-4 David Biello, "China's Energy Paradox", *Scientific American* Earth 3.0, 19, 34-41 (December 2008).

2 Here Comes the Sun

2-1 Ken Zweibel, James Mason and Vasilis Fthenakis, "A Solar Grand Plan", *Scientific American* 298(1), 64-73 (January 2008).

2-2 George Musser, "Photovoltaics' Bright Future", *Scientific American* 293(6), 52-53, December 2005.

2-3 Antonio Regalado, "Reinventing the Leaf", *Scientific American* 303(4), 86-89 (October 2010).

3 Riding the Wind

3-1 David Biello, "The Sky Is the Limit", Scientific American Online, September 11, 2012.

3-2 David Biello, "Tales from a Small Island", Scientific American Online, January 19, 2010.

3-3 Sarah Wang, "China Turns into the Wind", Scientific American Online, September 10, 2009.

4 Nuclear Rebirth

4-1 Adam Piore, "Planning for the Black Swan", *Scientific American* 304(6), 48-53 (June 2011).

4-2 Matthew L. Wald, "Can Nuclear Power Compete?", *Scientific American* Earth 3.0, 18, 26-33 (December 2008).

4-3 Geoff Brumfiel, "Fusion's Missing Pieces", *Scientific American* 306(5), 56-61 (June 2012).

5 Water, Water Everywhere

5-1 Linda Church Ciocci, "Time to Think Hydro", *Scientific American* Earth 3.0 19, 19 (March 2009).

5-2 Larry Greenemeier, "Turning the Tide", *Scientific American* 305(5), 76-79 (November 2011).

5-3 Larry Greenemeier, "Moving Parts", Scientific American Online, March 16, 2010.

5-4 Adam Hadhazy, "Where the Rivers Meet the Sea", Scientific American Online, October 19, 2009.

6 Geothermal Fire from Below

6-1 Jane Braxton, "Clean Energy from Filthy Water", *Scientific American* 303(1) 64-69 (July 2010).

6-2 Mark Fischetti, "Heating up", *Scientific American* 297(4), 108-109 (October 2007).

7 The Power to Move

7-1 Melinda Wenner, "The Next Generation of Biofuels", *Scientific American* Earth 3.0, 19, 46-51 (March 2009).

7-2 John B. Heywood, "Fueling Our Transportation Future", *Scientific American* 295(3), 60-63 (September 2006).

8 Energy on Demand

8-1 Matthew L. Wald, "Giving the Grid Some Backbone", *Scientific American* Earth 3.0, 19, 52-57 (September 2009).

8-2 Davide Castelvecchi, "When the Sun Don't Shine: Storing Power", *Scientific American*, 306(3), 48-53 (March 2012).

저자 소개

그래함 콜린스 Graham P. Collins, 《사이언티픽 아메리칸》 기자

데이비드 비엘로 David Biello, 《사이언티픽 아메리칸》 기자

데이비드 카스텔베치 Davide Castelvecchi, 《네이처》 기자

래리 그리너마이어 Larry Greenemeier, 《사이언티픽 아메리칸》 기자

린다 처치 치오치 Linda Church Ciocci, NHA 사무총장

마이클 르모닉 Michael Lemonick, 《사이언티픽 아메리칸》 기자

마이클 웨버 Michael E. Webber, 텍사스대학교 교수

마크 델루치 Mark A. Delucchi, 캘리포니아주립대학교 버클리 캠퍼스 TSRC 연구원

마크 제이콥슨 Mark Z. Jacobson, 스탠퍼드대학교 교수

마크 피셰티 Mark Fischetti, 《사이언티픽 아메리칸》 기자

매튜 월드 Matthew L. Wald, 《뉴욕타임스》 에너지 전문 기자

멜린다 웨너 Melinda Wenner, 건강 전문 기자, 뉴욕시립대학원 강사

JR 민켈 JR Minkel, 《사이언티픽 아메리칸》 기자

바실리스 프테나키스 Vasilis Fthenakis, 컬럼비아대학교 교수

비잘 트리베디 Bijal P. Trivedi, 과학 전문 기자

사라 왕 Sarah Wang, 과학 전문 기자

스티븐 애슐리 Steven Ashley, 《사이언티픽 아메리칸》 기자

안토니오 레갈라도 Antonio Regalado, 《MIT Tech Review》 기자

애덤 피오레 Adam Piore, 과학 전문 기자

애덤 하드하지 Adam Hadhazy, 과학 전문 기자

제인 브랙스턴 Jane Braxton, 과학 및 환경 전문 기자

제임스 메이슨 James Mason, 《사이언티픽 아메리칸》 기자

제프 브룸필 Geoff Brumfiel, 《사이언티픽 아메리칸》 기자

조지 머서 George Musser, 《사이언티픽 아메리칸》 기자

존 헤이우드 John B. Heywood, 《사이언티픽 아메리칸》 기자

찰스 초이 Charles Q. Choi, 과학 전문 기자

켄 츠바이벨 Ken Zweibel, 환경 에너지 연구자

옮긴이_김일선

서울대학교 공과대학 제어계측공학과를 졸업하고 같은 학교 대학원에서 석사와 박사 학위를 받았다. 삼성전자, 노키아, 이데토, 시냅틱스 등 IT 분야의 글로벌 기업에서 R&D 및 기획 업무를 했으며 현재는 IT 분야의 컨설팅과 전문 번역 및 저작 활동을 하고 있다.

한림SA **12**

지금이 마지막 기회다

에너지의 과학

2017년 5월 12일 1판 1쇄

엮은이 사이언티픽 아메리칸 편집부
옮긴이 김일선
펴낸이 임상백
기획 류형식
편집 이경옥
독자감동 이호철, 김보경, 김수진, 한솔미
경영지원 남재연

ISBN 978-89-7094-876-8 (03530)
ISBN 978-89-7094-894-2 (세트)

* 값은 뒤표지에 있습니다.
* 잘못 만든 책은 구입하신 곳에서 바꾸어 드립니다.

펴낸곳 한림출판사
주소 (03190) 서울시 종로구 종로 12길 15
등록 1963년 1월 18일 제 300-1963-1호
전화 02-735-7551~4
전송 02-730-5149
전자우편 info@hollym.co.kr
홈페이지 www.hollym.co.kr
페이스북 www.facebook.com/hollymbook

표지 제목은 아모레퍼시픽의 아리따글꼴을 사용하여 디자인되었습니다.
이 책은 한국출판문화산업진흥원의 출판콘텐츠 창작자금을 지원받아 제작되었습니다.